Zur Einführung.

Die Werkstattbücher behandeln das Gesamtgebiet der Werkstattstechnik in kurzen selbständigen Einzeldarstellungen; anerkannte Fachleute und tüchtige Praktiker bieten hier das Beste aus ihrem Arbeitsfeld, um ihre Fachgenossen schnell und gründlich in die Betriebspraxis einzuführen.

Die Werkstattbücher stehen wissenschaftlich und betriebstechnisch auf der Höhe, sind dabei aber im besten Sinne gemeinverständlich, so daß alle im Betrieb und auch im Büro Tätigen, vom vorwärtsstrebenden Facharbeiter bis zum leitenden Ingenieur, Nutzen aus ihnen ziehen können.

Indem die Sammlung so den einzelnen zu fördern sucht, wird sie dem Betrieb als Ganzem nutzen und damit auch der deutschen technischen Arbeit im Wettbewerb der Völker.

Bisher sind erschienen:

Fortsetzung des Verzeichnisses der bisher erschienenen sowie Aufstellung der in Vorbereitung befindlichen Hefte siehe 3. Umschlagseite.

WERKSTATTBÜCHER
FÜR BETRIEBSBEAMTE, KONSTRUKTEURE UND FACHARBEITER
HEFT 59

Stanztechnik

Dritter Teil

Grundsätze für den Aufbau von Schnittwerkzeugen

Von

Dipl.-Ing. **Erich Krabbe**

Mit 202 Abbildungen im Text

Berlin
Verlag von Julius Springer
1938

ISBN-13: 978-3-7091-5205-8 e-ISBN-13: 978-3-7091-5353-6
DOI: 10.1007/978-3-7091-5353-6

Inhaltsverzeichnis.

Einleitung.

In diesem Heft soll versucht werden, Gesichtspunkte zu gewinnen, von denen aus die Aufbauteile eines Stanzwerkzeugs (s. Heft 57) zu beurteilen und einander zuzuordnen sind.

Der Aufbau eines Schnittes wird wesentlich bestimmt durch das Werkstück, die Betriebsverhältnisse, die Kosten. Der Einfluß des Werkstückes wirkt sich in der verwendeten Stoffart, in Form, Größe und Dicke des Stanzteiles und in den von ihm geforderten Genauigkeitsansprüchen aus. Die Betriebsverhältnisse ergeben sich aus der verlangten Ausbringung, aus der Vorform des Stanzteiles (Tafel, Streifen, Schnipfel, Zuschnitt usw.) und aus der Maschinenart und -größe, für die das Werkzeug vorgesehen ist, aus den Einricht- und Bedienungsforderungen im Zusammenwirken von Maschine und Werkzeug. Zu diesen mehr oder minder rein technischen Gesichtspunkten tritt die Umgrenzung des zulässigen Aufwandes. Dasjenige Werkzeug arbeitet wirtschaftlich, das mit den geringsten Gesamtkosten für Herstellung und Instandhaltung, für menschliche und mechanische Energie, für notwendigen Stoff zum Stanzteil in der kürzesten Zeit die gestellten Forderungen erfüllt. Es kommt darauf an, den günstigsten Mittelwert zwischen dem Einfluß eines einmaligen Aufwandes und den Kosten, die sich mit jedem Hub vergrößern, zu finden.

Alle diese Gesichtspunkte können nicht die gleiche Berücksichtigung erfahren, schon deshalb nicht, weil häufig einer den anderen ausschließt. Sie müssen gegeneinander abgestimmt werden, und zwar auf eine folgerechte Linie, so daß beispielsweise nicht bei der Stoffführung auf hohe Liefergeschwindigkeit gesehen wird, bei der Werkzeugführung aber die Genauigkeit im Vordergrund steht; man muß es dem Werkzeug in allen seinen Teilen ansehen können, daß entweder vor allem hohe Arbeitsgeschwindigkeit oder vor allem hohe Genauigkeit erstrebt wird.

I. Leistung eines Schnittes.

Bevor man an die Festlegung des grundsätzlichen Aufbaues oder der Einzelheiten eines Werkzeuges geht, muß man sich ein Bild davon machen, was die geforderte Leistung nach Genauigkeit und Menge bedeutet.

A. Genauigkeit.

1. Die Sauberkeit der Schnittfläche hängt ab von der Wahl der Schneidenwinkel, von der sorgfältigen Herstellung der Schneiden und von der Größe des Spiels zwischen den Schneiden (Heft 44, Abschn. 6, 11, 12, 17, 18). Sie ändert sich mit der Stoffart und der Stoffdicke, der Schneidenschärfe und der Genauigkeit, mit der die beiden Werkzeugteile gegeneinander bewegt werden.

a) In Heft 44, Abschn. 25 ist gezeigt, daß das Aussehen einer Schnittfläche je nach der Neigung des Stoffes zum Fließen und je nach der Dicke verschieden ist. Je spröder und je dicker der Stoff, desto größer ist der Teil der Trennfläche, der durch Brechen hergestellt wird (Heft 44, Abb. 66). Je zäher ein Werkstoff, desto ausgesprochener ergibt sich eine wirkliche Schnittfläche (Heft 44, Abb. 67).

b) Die Bedeutung des Spiels (Gesamtspiel) zwischen den Schneiden ist in Heft 44, Abschn. 6 behandelt. Hier genügt der Hinweis, daß die Schnittfläche am Blech infolge des Spiels nicht genau rechtwinklig zur Blechebene steht, sondern gegen diese Ebene entsprechend dem Spiel geneigt ist (Heft 44, Abb. 20).

Beide Erscheinungen sind durch die Spaltgröße (Spiel zwischen zwei zusammenarbeitenden Schneiden) zu beeinflussen. Die in den gebräuchlichen Tafeln für das Spiel genannten Werte sind meist die kraftgünstigsten (Heft 44, Abb. 20 u. 21). Mit zunehmender Verengung des Spaltes steigt die Reibung an den Schnittflächen, die dadurch entsteht, daß die Trennflächen des Querschnittes aneinander vorbeigequetscht werden müssen. Durch diesen Vorgang wird aber auch einerseits die Bruchfläche glattgerieben, andererseits die Schrägstellung der Trennfläche gegen die ideale Schnittfläche vermindert. Auf diesem Wege kann man gehen bis zum Schabeschnitt und zum Polierschnitt (Heft 44, Abschn. 14). Mit jenem lassen sich Späne von 0,03 mm Dicke abnehmen, bei diesem werden keine Späne abgenommen, sondern in der sich nach unten verjüngenden, innen polierten Schnittplatte wird die Schnittfläche gestaucht und dabei poliert. Hiermit ist die höchste Sauberkeit der Schnittfläche erreicht, die stanztechnisch zu erzielen ist.

c) Bei hochelastischen Werkstoffen (Kautschuk) wirkt sich die federnde Formänderung während des Schneidens so aus, daß die Schnittfläche hohl wird (Heft 44, Abb 29). — Wenn es auf Schnittflächensauberkeit ankommt, lassen sich solche Stoffe nur mit Messerschnitten bearbeiten, d. h. mit Schnitten, die praktisch ohne Spiel bei möglichst geringer Beanspruchung des Werkstoffes arbeiten.

d) Gratbildung (Abb. 1) tritt ein: bei d i c k e n Werkstücken, wenn der Spalt zu groß ist (Abreißgrat), an d ü n n e n Blechen, die mit sehr engen Spielen bearbeitet werden müssen, infolge der damit verbundenen hohen Schneidenbelastung und der sich daraus ergebenden Vorweite an der Schnittplatte oder am Stempel (Ziehgrat). Beim Stumpfwerden der Schneiden kann sich, je nachdem an welchem Werkzeugteil die Abstumpfung auftritt, an der oberen Kante des Ausschnittes oder an der unteren Kante des Loches oder an beiden Stellen Grat zeigen (Biegegrat[1]).

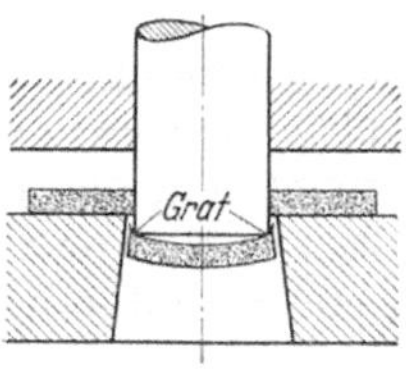

Abb. 1. Gratbildung beim Schneiden.

Mit der Angabe der Ursache ist gleichzeitig der Weg zur Verminderung der Gratbildung gegeben; denn ganz zu vermeiden ist der Grat kaum, namentlich nicht, soweit er durch die Abstumpfung und die Vorweite hervorgerufen wird. Es fragt sich nur, bis zu welcher Grenze er gestattet werden kann. Das hängt einmal von der Art und dem Zweck des Werkstückes ab, andererseits von den Mitteln, die für die Entfernung des Grates zur Verfügung stehen.

Wo Trommeln mit Stahlkugeln usw. angewendet werden können, sind im Durchschnitt hohe Grate zulässig, da sie abgescheuert oder umgelegt werden. Grate mit einer Höhe bis zu 0,1 mm werden in Scheuerfässern entfernt. Bei hohen Sauberkeitsansprüchen werden Grate bis zu 0,05 mm auf einer Stahlplatte unter leichtem Druck abgezogen. Unter Umständen sind Grate durch Ebnen (Planieren) zu beseitigen.

Bei allen diesen Arbeitsgängen ist der Zweck des Arbeitsstückes zu bedenken. Schmuckstücke stellen weniger Ansprüche an die Genauigkeit der Abmessungen als an die Sauberkeit der Schnittfläche. In anderen Fällen ist es nicht gleichgültig, an welcher Seite die Gratbildung auftritt (s. auch Heft 44, Abschn. 12c), und es gibt Arbeitsstücke, bei denen die Sauberkeit des Schnittes zurücktritt vor der Genauigkeit der Abmessungen.

---

[1] E. G ö h r e: Der Schneidspalt bei Schnitten und sein Einfluß auf ihre Standzeit. Werkst.-Techn. 1935, S. 313 ff.

2. Genauigkeit der Abmessungen ist in erster Linie abhängig von der Genauigkeit, mit der die Werkzeuge hergestellt werden. Bei geometrisch einfachen Formen ist die Genauigkeit mit den heutigen Meßwerkzeugen des Betriebes verhältnismäßig leicht zu ermitteln. Verwickelte Umrißformen lassen sich auf optischem Wege durch Vergrößerung auf Einhaltung der Toleranz prüfen (Abb. 2). Entsprechend der Vergrößerung des optischen Gerätes zeichnet man je auf ein Blatt die Toleranzlinien des Stempel- und Schnittplattenumrisses auf und projiziert dann Stempel und Schnittplatte auf das zugehörige Blatt. Aus dem Verlauf des Schatten-

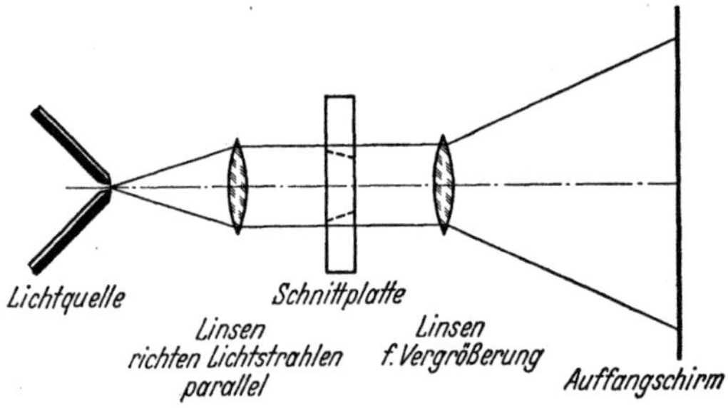

Abb. 2. Projezieren einer Schnittplatte.

Abb. 3. Kontrolle einer Schnittplatte an den Toleranzlinien.

risses zwischen den beiden Toleranzlinien kann man dann erkennen, wo die Schneiden noch nachgearbeitet werden müssen (Abb.3). Aber auch andere Gesichtspunkte sind für die Maßgenauigkeit von Bedeutung:

a) Einfluß des Spiels. Wenn nach Maßtoleranzen gearbeitet werden muß, die enger sind als das Spiel zwischen den Schneiden, ist es nicht gleichgültig, an welcher Seite das Spiel berücksichtigt wird: ob die Schnittplatte um das Spiel vergrößert oder der Stempel entsprechend verkleinert wird. Der Stempel gibt sein Maß dem Teil, durch das er hindurchgeht, die Schnittplatte dem Teil, das durch sie hindurchgeht. Bei Lochungen muß also der Stempel das Nennmaß erhalten, bei Ausschnitten die Schnittplatte.

b) Über die Größe der praktisch erreichbaren Toleranzen bei Kleinstlochungen gibt Dr.-Ing. H. Schmidt[1] die in untenstehender Tabelle wiedergegebenen Werte

Toleranzen für kleine Lochungen.

Durchmesser Bereich	Abmaße	Bohrung		Welle: Laufsitz	
		Gebr. Thiel	DIN (errechnet)	Gebr. Thiel	DIN (errechnet)
0 . . . 0,3	oberes unteres	+ 0,0075 0	+ 0,0025 0	— 0,005 — 0,015	— 0,0025 — 0,005
0,3 . . . 0,6	oberes unteres	+ 0,01 0	+ 0,0035 0	— 0,01 — 0,02	— 0,005 — 0,010
0,6 . . . 1	oberes unteres	+ 0,0125 0	+ 0,005 0	— 0,015 — 0,030	— 0,0075 — 0,015
1 . . . 1,5	oberes unteres	+ 0,015 0	+ 0,0065 0	— 0,020 — 0,035	— 0,01 — 0,0175
1,5 . . . 2	oberes unteres	+ 0,015 0	+ 0,0075 0	— 0,020 — 0,040	— 0,01 — 0,02
2 . . . 3	oberes unteres	+ 0,0175 0	+ 0,0085 0	— 0,025 — 0,050	— 0,0125 — 0,025

[1] Austauschbau in der feinmechanischen Massenfertigung. Masch.-Bau 1933 S. 473 u. ff.

an. Die Tafel läßt erkennen, daß mit zunehmender Größe der Abmessungen die praktisch erreichbaren Toleranzen den Werten der DIN-Feinpassung immer näherrücken. Bei solch engen Grenzen ist zu beachten, daß der Werkstoff unter der Schneidenbelastung in sich federt, d. h. sich nach Entlastung wieder zusammenzieht, das Loch oder der Ausschnitt also entsprechend kleiner wird. Stempel und Schnittplatte müssen daher um so viel größer gehalten werden, wie Abb. 4 angibt.

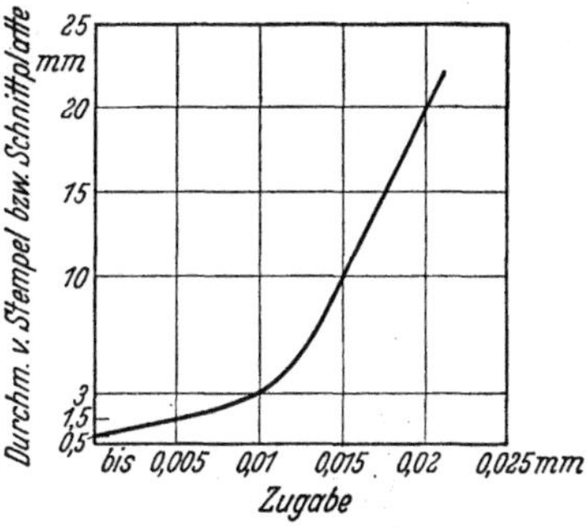

Abb. 4. Maßzugabe zum Ausgleich elastischer Dehnung beim Schnitt.

c) Verbiegen. Unter den hohen Drücken, die beim Schneiden angewandt werden müssen, legt sich der Ausschnitt gegen den Stempel, der umgebende Stoff fest gegen die Schnittplatte. Sind Stempel und Schnittplatte nicht parallel zueinander, so biegt sich der Ausschnitt nach dem Stempel, der umgebende Stoff nach der Schnittplatte. Abgesehen von der Beachtung, die diese Erscheinung bei der Genauigkeit der Herstellung und Führung der Werkzeuge gegeneinander verdient, ist sie bei Schnitten mit Scherschräge von besonderer Bedeutung: bei Locharbeiten muß der Stempel die Scherschräge tragen, bei Ausschneidearbeiten die Schnittplatte. Solange nur eine Biegeachse auftritt, sind Fehler durch einfaches Zurückbiegen zu beheben. Nun wird aber bei Verwendung von Scherschrägen meist mit Ausgleich des Seitenschubes (s. Abb. 46 u. 47, Heft 44) gearbeitet. Wendet man hierbei mehr als zwei Hochpunkte an, so entstehen mehrere Biegungsachsen: das Werkstück verzieht sich.

d) Verziehen. Abb. 1 läßt erkennen, daß der vor dem Stempel liegende Stoffteil wie eine hohl aufliegende, am Rande belastete Platte beansprucht wird und dementsprechend seine Form ändert. Geht dabei — wenn auch nur örtlich begrenzt — die Beanspruchung über die Fließgrenze hinaus, so federt der Stoff nicht zurück, sondern das ausgeschnittene Stück wirft sich tellerförmig auf. Dadurch, daß man die Stempelunterfläche von vornherein nach der zu erwartenden Federungsfläche ausbildet — einem Vorgang, dem die Stempelschneiden durch federnde Stauchung entgegenzukommen suchen —, kann man erreichen, daß die Beanspruchung und Dehnung des Bleches — einem Ziehvorgang ähnlich — sich einigermaßen gleichmäßig über die ganze Ausdehnung des Werkstückes verteilt. Damit ist natürlich ein erhöhter Kraftaufwand verbunden, man erwirkt aber, daß die Werkstoffdicke über die ganze Ausdehnung des Werkstückes annähernd gleich bleibt. Je schärfer die Schneiden des Stempels bei gleichem Spiel der Schneiden, desto kleiner wird die Zone der Dehnung sein, desto näher rückt sie aber auch im Werkstück an die Schnittlinie. Das hat bei einem nachfolgenden Ebnen ohne Sonderwerkzeuge den Nachteil, daß die Umgrenzungslinien gestreckt werden müssen und diese Zone unter Umständen daher dünner wird als die Mitte des Werkstückes.

e) Änderungen in der Stoffdicke (Verquetschen) treten beim Schneiden selten, meist nur bei dicken Werkstücken auf, und dann nur selten allein, sondern begleitet von Verbiegungen und Verziehungen, weil der zu diesen nötige Kraftaufwand geringer ist. Verquetschungen mit ihren Begleiterscheinungen sind da zu erwarten, wo durch das dichte Aufeinanderrücken von Schnittlinien die Kraftwirkungen der einzelnen Schneiden im Werkstoff sich gegenseitig beeinflussen und steigern (s. Heft 44, Abschn. 20). Dieser Fall kann eintreten bei Mehrfachschnitten und solchen Umrißformen, die lange, schmale Spitzen oder Einschnitte zeigen. Bei jenen hilft man sich durch Anwendung des springenden Vorschubes (Heft 44,

Abb. 60), bei diesen dadurch, daß man die sich beeinflussenden Schnitte nacheinander ausführt. Es muß dann darauf geachtet werden, daß bei der zweiten Schnitthälfte das Werkstück in die richtige Lage zu den bereits hergestellten Schnittlinien gebracht wird.

f) Die Untersuchung der Lagengenauigkeit kommt also da in Frage, wo an einem Werkstück mehrere Schnitte stufenförmig nacheinander (Folgeschnitt) oder in verschiedenen Arbeitsgängen (örtlich und zeitlich getrennt) ausgeführt werden müssen. Sie hängt ab von der Auswahl und Herstellung der Stoffführungen in ihren verschiedenen Formen: Auswerfer, Abstreifer, Festhalter in der Schnittebene der Schneiden; Anschläge, Aufhänge- und Fangstifte, Seitenschneider, Lochsucher in der Vorschubrichtung; Linealführungen und ähnliche in der zur letzten Richtung rechtwinkligen Ebene (Heft 57, Teil VII).

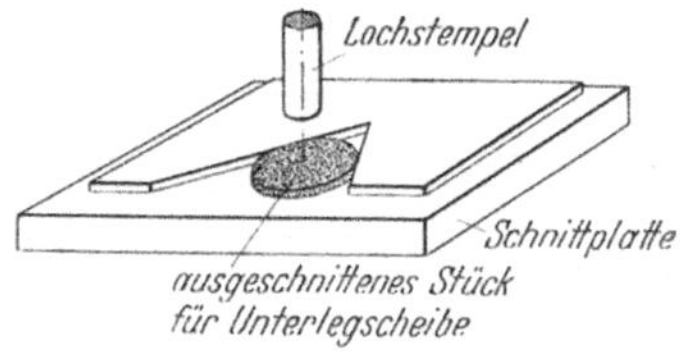

Abb. 5. Lagengenauigkeit beim Lochen von U-Scheiben.

Den sichersten Schutz vor Fehlern gewährt beim Folgeschnitt das Verfahren, die Schnittlinien, deren Lage zueinander genau eingehalten werden muß, auch gleichzeitig herzustellen. Immer ist dies jedoch nicht möglich, wie Abb. 99, Heft 44 zeigt. Hier legen Lochsucher und Fangstift die Stellung des Streifens während des Arbeitsganges, beim Vorschub durch enge Führungen unterstützt, fest, und bewirken, daß der Drehpunkt des Rädchens sich gegen den Radumfang richtig einstellt (s. jedoch Heft 44, Abb. 59). Schwieriger liegen die Verhältnisse bei örtlich und zeitlich getrennten Arbeitsgängen. Den zweiten Arbeitsgang zur Herstellung von Unterlegscheiben zeigt Abb. 5. Haben die Scheiben Grate, haben sie sich verbogen oder verzogen, sind die Einlagen abgenutzt, so wird die Scheibe nicht mehr in der Mitte gelocht: die Lagengenauigkeit ist nicht mehr eingehalten, mögen die beiden Schnitte je für sich auch noch so sauber ausgefallen sein. Bei allerhöchsten Ansprüchen an die Lagengenauigkeit stellt man im Verbundwerkzeug mit Zylinderführung alle Schnitte gleichzeitig her. In diesen ist es bei dünnen Stoffen möglich, durch federnde Festhalter Verbiegen und Verziehen zu verhüten.

g) Einfluß nachfolgender Arbeitsgänge auf die Genauigkeit. Nicht nur die Vorgänge beim Schnitt selbst sind für die erzielte Genauigkeit von Bedeutung, sondern auch nachfolgende Arbeitsverfahren:

Bei engen Toleranzen ist zu berücksichtigen, daß mit dem Beizen ein Stoffverlust von ungefähr 0,01 mm verbunden ist. Dieser Verlust muß also vor dem Schneiden allseitig zugegeben werden.

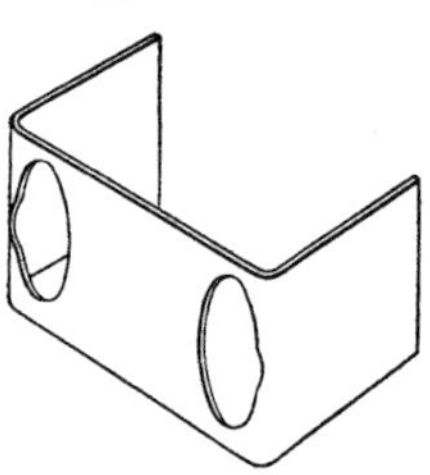

Abb. 6. Biegen gelochter Streifen.

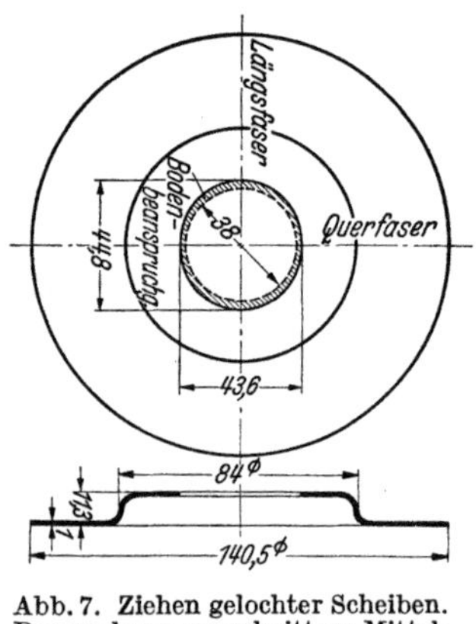

Abb. 7. Ziehen gelochter Scheiben. Das vorher ausgeschnittene Mittelloch, 38 Durchmesser, dehnt sich beim Ziehen zur Ellipse 43,6 × 44,8.

Noch bedeutungsvoller sind Arbeitsgänge, die ein Fließen im Gefolge haben, wie weiteres Schneiden, Biegen, Ziehen, Ebnen und Prägen. Die mit diesen Verfahren verbundenen Formänderungen bedingen mit Rücksicht auf die Genauigkeit geradezu die Arbeitsfolgen. In Abb. 6 darf nicht gleichzeitig ausgeschnitten und gelocht werden, sondern der Biegevorgang muß zwischengeschaltet werden. — Der Einfluß der Walzrichtung zwingt in Abb. 7 dazu, das Mittelloch nach dem Ziehen herzustellen, weil sich das Blech beim

Ziehen nicht nach allen Richtungen gleichmäßig dehnt (Heft 44, Abschn. 28). — Besonders sorgfältig muß man nachfolgendes Ebnen berücksichtigen. Bei einfachen Ausschnitten schaltet man, wenn notwendig, einen Schabeschnitt dem Ebnen nach. Keinesfalls darf man sich verleiten lassen, diese beiden Arbeitsgänge in einem Schabeschnitt gleichzeitig durchführen zu wollen, indem man den Ausschnitt umgekehrt in den Schabeschnitt legt. Der Erfolg wäre zu ungewiß. Der Ausschnitt muß so in den Schabeschnitt gebracht werden, wie er das Schnittwerkzeug verlassen hat; denn etwa vorhandene Abrundungen, die nicht ganz abgeschabt werden, könnten sonst zu neuer Gratbildung Anlaß geben. — Ist der Ausschnitt gelocht und die Toleranz nur in einer Richtung festgelegt, so kann man sich durch Richten in nur einer Richtung (Walzen) helfen, anderenfalls muß man auf das Lochen verzichten und die Löcher bohren. Bei Folgeschnitten muß man es also grundsätzlich vermeiden, zwischen zwei Schnitte, die maßlich voneinander abhängen, Arbeitsgänge mit Stoffverschiebung einzuschalten. — Prägearbeiten ziehen meist ein Abgraten nach sich.

B. Liefermenge.

3. Die Gesamtschnittzahl, die man von dem Schneidenpaar verlangt, ist entscheidend

a) für die Wahl des Schneidenwerkstoffes. Dr.-Ing. G. Oehler hat in seinem „Taschenbuch für Schnitt- und Stanzwerkzeuge“[1] auf S. 90 die Leistungsfähigkeit einer Anzahl Werkzeugstähle in Abhängigkeit von Blechart, Art des Schnittes und von der Schnittzahl festgelegt. Es handelt sich natürlich hier nur um Richtwerte, da die Ergiebigkeit eines Schnittes sehr von der Güte der Herstellung und der Sorgfalt der Behandlung abhängt (darüber weiter unten), um Werte, die man in jedem Falle erreichen sollte. Siehe Tabellen „Stähle für Schnittwerkzeuge“ S. 58 ... 60.

b) Die Höhe des Schleifansatzes errechnet sich aus dem Verlust für einmaliges Schleifen und der Ausbringung je Scharfschliff. Bei sorgfältiger Überwachung des Schneidenzustandes, was an Hand der Grathöhe möglich ist, rechnet man je Schliff mit etwa 0,1 . . . 0,15 mm Verlust an Schnittplatten- und Stempelhöhe. Je Scharfschliff muß man bei Stahlblech (Stanzblech) je nach Beanspruchung und Anforderung folgende Liefermengen verlangen:

Freischnitt — Schneiden aus Werkzeugstahl:	2000 ... 5000	Stück
Führungsschnitt — „ „ „	5000 ... 8000	„
Zylinderschnitt — „ „ legiertem Stahl:	25000 ... 50000	„

Bei leichter zu bearbeitenden Stoffen sind diese Werte entsprechend zu vervielfachen. Hingewiesen sei darauf, daß mit zunehmender Zahl der Abschleifungen die Liefermenge je Scharfschliff sinkt. Außerdem ist ein Sicherheitszuschlag für Kantenbruch zu machen. Aus der mengenmäßigen Ausbringung je Scharfschliff errechnet sich die Höhe des Schleifansatzes (Heft 44, Abb. 42). Da dieser bei Schnitten mit Plattenführung auf 3 . . . 5 mm begrenzt ist, ergibt sich hieraus die Zahl der erforderlichen Werkzeuge oder der notwendige Grad der Vervielfachung eines Schnittes. Bei zylindergeführten Schnitten läßt man Schleifansätze bis 30 mm zu.

4. Die Liefergeschwindigkeit ist durch die Hubzahl und durch die Vervielfachung des Werkzeuges zu beeinflussen.

a) Hubzahl. Daß man von der Regelung der Hubzahl bisher so wenig Gebrauch macht, liegt an den Schwierigkeiten in der Konstruktion zuverlässiger Vor-

---

[1] Berlin: Julius Springer.

schubvorrichtungen für hohe Schaltleistungen. Schnittechnisch ergeben sich selten Schwierigkeiten, wie Versuche mit 2 mm dickem Messingblech, Trennfläche 35 mm², Hubzahl 1500 je Minute, Hub 2,5 mm, Energiebedarf 0,5 kW, gezeigt haben. Der aus 13 %igem Chromstahl hergestellte Stempel wurde durch das sanfte Ansetzen des Schnittes geschont und stand 1,5 . . . 3 Tage. Das Verfahren, mit einer nur 25 % größeren Hubhöhe zu arbeiten als der Werkstoff dick ist, hat neben dem Vorteil hoher Hubzahlen bei niedriger Schnittgeschwindigkeit auch große Unfallsicherheit für sich.

b) Vervielfachung. Bei den meisten Pressen liegen die Hubzahlen fest, meist wie in Abb. 8 angegeben. Aus der verlangten Liefergeschwindigkeit und aus der Hubzahl der Pressen kann man ermitteln, ob mit einem einfachen, ob mit mehreren einfachen oder mit einem vielfach ausgelegten Werkzeug gearbeitet werden muß. Für diese Entscheidung einige Hinweise:

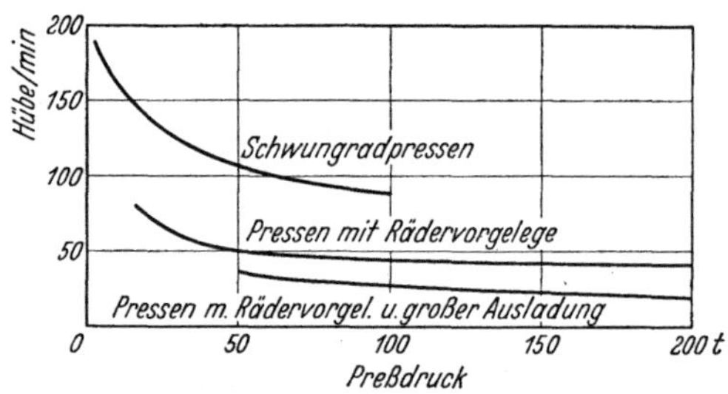

Abb. 8. Hubzahl in Abhängigkeit vom Pressendruck.

Die Herstellungszeit eines Mehrfachschnittes ist erheblich größer als die eines, unter Umständen sogar mehrerer Einzelschnitte. Bei maschinell leicht herstellbaren Stempelformen ist der Unterschied nicht erheblich, aber mit verwickelten Stempelformen wachsen die Schwierigkeiten, wenn die Zahl der notwendigen Stempel sich nicht in einem Arbeitsgange, also aneinanderhängend, herstellen läßt. Dazu kommt die Mühe, mehrere Stempel spannungsfrei oder auch nur spannungsgleich in der Schnitt- und Führungsplatte gegeneinander auszurichten und im Stempelkopf zu befestigen. Im Betrieb verlangt der Mehrfachschnitt mit seiner höheren Kraftaufnahme stärkere, langsamer arbeitende Pressen. Bei der Arbeit verlangt der Mehrfachschnitt eine sorgfältigere Überwachung schon der Vervielfachung halber, aber auch wegen seiner höheren Empfindlichkeit infolge seiner größeren Ausdehnung. Weil jeder Fehler an einem Stempel die übrigen in Mitleidenschaft zieht, ist die Abnutzung des Mehrfachschnittes größer als die des einfachen. Beim Schleifen der Schneiden fällt jedesmal der ganze Mehrfachsatz für den Betrieb aus. Außerdem müssen immer alle Stempel nachgeschliffen werden, auch wenn nur einer stumpf wurde. Wenn dennoch die Wahl auf einen Mehrfachschnitt fällt, so aus wirtschaftlichen Erwägungen (s. Abschn. 35 u. 37), namentlich bei hochwertigen leicht zu bearbeitenden Stoffen. — Ist die Maschinenzeit auf diesem Wege nicht zu verkürzen, so kommt man unter Umständen durch Bedienungsvereinfachung zum gleichen Ziel durch Anwendung des Verbundwerkzeuges, bei dem mehrere sich folgende Arbeitsgänge gleichzeitig ausgeführt werden, ganz besonders, wenn Lösungen, wie in Heft 44, Abb. 50...53 dargestellt, anwendbar werden. — Vervielfachung des Schnittes durch Aufeinanderschichten der Werkstofftafeln ist nur bei Papier, leichtem Karton und ähnlichen Stoffen möglich.

c) Abkürzung der Griffzeiten Die Bedeutung aller bisher geschilderten Einflüsse auf die Liefergeschwindigkeit tritt zurück vor der beim Schneiden oft möglichen Abkürzung der Griffzeiten. Wegen der ständigen Wiederholungen beansprucht das Zuführen und Wegnehmen der Werkstücke die meiste Griffzeit. Die Möglichkeit, durch Getriebe diese Arbeit abzukürzen, ist im zweiten Teil des H ftes 57 vom einfachen Behelf bis zum Automaten geschildert. Das Gebiet ist zu umfangreich, um es hier nochmals streifen zu können. — Zu wenig Beachtung schenkt man leicht der Gestaltung des Arbeitsplatzes. Welche Leistungssteigerungen sich hierbei durch wohldurchdachte Anordnung und Ausstattung in Verbindung mit den oben erwähnten Getrieben erzielen lassen, zeigen die Abb. 9...11. Nach planmäßiger Beobachtung kürzte man die Griffwege dadurch, daß man den Maschinenführer (oder die Maschinenführerin) höchstellte oder -setzte, die Presse neigte, sie mit Gleitbahnen für die Rohscheiben versah und die fertigen Werkstücke selbsttätig abführte und stapelte. Die Zeitersparnis an Griffzeit betrug 60 %, die Leistungssteigerung 150 %.

Abb. 9. Presse, eingerichtet für wirtschaftliche Fertigung. (Aus Maschinenbau 1927 S. 1125.)

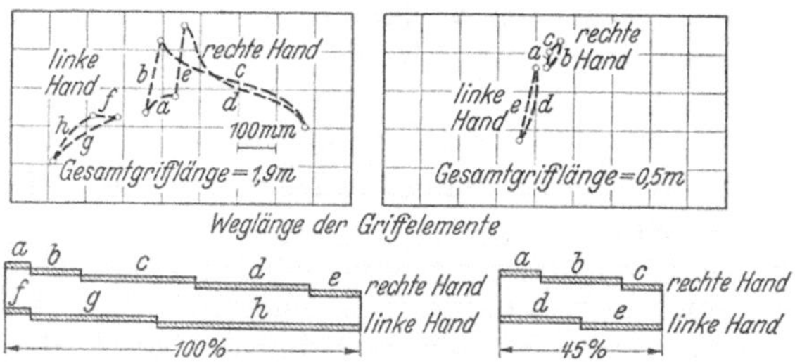

Abb. 10 u. 11. Die Wirkung der Griffwege durch planmäßige Beobachtung, links: senkrechtstehende Presse mit Handzuführung (s. Abb. 199), rechts: Anordnung nach Abb. 9.

II. Arbeitskreis des Werkzeugs.

C. Größe der Energie.

5. Die Energieaufnahme einer Presse setzt sich aus der Leerlauf-, der Vorschub- und der Preßleistung zusammen. Die Preßleistung (N_p) errechnet sich zu

$$N_p \text{ in PS} = \frac{1}{75} \cdot P \cdot v_m \cdot \frac{1}{\eta_p} \cdot \frac{1}{\eta_w},$$

worin bedeutet: η_p den Wirkungsgrad der Presse unter Druck, η_w den Wirkungsgrad des Werkzeugs, v_m die mittlere Schnittgeschwindigkeit während des Schneidens, P den größten Schnittwiderstand.

6. Die Energie im Werkzeug. Da es sich hier darum handelt, Unterlagen für die Bemessung der Werkzeuge auf Grund der Energiedurchleitung zu gewinnen, sollen hier nur v_m und P betrachtet werden, da η_p und η_w Beizahlen für die jeweilige Ausführung sind.

a) Die mittlere Bewegungsgeschwindigkeit V des Pressenstößels ist: V in m/min $= 2h \cdot n$, wenn h der Hub des Stößels in Metern und n die Drehzahl der Exzenterwelle je Minute ist. Will man genauer rechnen, so setzt man die mittlere Schnittgeschwindigkeit v_m ein. Diese errechnet sich genau genug als Mittelwert aus v_e der Eintritt- und v_a der Austrittsgeschwindigkeit des Stempels auf seinem Weg durch den Werkstoff zu $v_m = {}^1/_2\,(v_e + v_a)$. Hierin sind v_e und v_a ihrerseits bestimmt durch die Gleichung $v_{(e,\,a)} = h\pi \cdot n \sqrt{x\,(h - x)}$, aus der man v_e erhält, wenn man für x die Blechdicke + Eindringungstiefe des Stempels in die Schnittplatte setzt und v_a erhält, wenn man für x nur die Eindringungstiefe des Stempels einsetzt.

Tritt der Stempel überhaupt nicht in die Schnittplatte ein, so daß also $v_a = 0$ ist, so wird $v_m = \frac{1}{2} v_e = \frac{1}{2} h \pi n \sqrt{s(h-s)}$.

v_m dient für die Errechnung der Energiedurchleitung durch das Getriebe; v_e ist bestimmend für die Bewegungsenergie $(\frac{1}{2} m v^2)$, die der Pressenständer möglichst ohne Formänderung aufnehmen soll.

Die Größe von v_e ist stark vom Eintreten des Stempels in die Schnittplatte abhängig: sie kann durch das Eintreten um ein Mehrfaches wachsen. Deshalb wirkt dieses Eintreten sich nachteilig auf die Führungsgenauigkeit der Presse aus; abgesehen von der ungünstigen Beeinflussung der Standzeit der Schneiden (s. Abschn. 20, 23 24a).

b) Den Schnittwiderstand bestimmt man, solange genauere Unterlagen nicht vorliegen, aus

$$P = U \cdot s \cdot k_s,$$

worin U der Schnittumfang in mm, s die Blechdicke in mm, k_s die Stoffzahl ist. In Heft 44, Abschn. III sind diese Zusammenhänge bereits behandelt, so daß es hier genügt, in Abb. 12 eine Rechentafel für das schnelle Ermitteln des Wertes P zu geben.

7. Leistungsaufnahme von Federn. Zur Energie für den reinen Schnittvorgang tritt oft noch die für das Festhalten, Abstreifen und Auswerfen des Werkstückes hinzu. Wenn es sich auch hierbei im Vergleich zum Schnitt um niedrigere Energieaufnahme handelt, so ist doch für den Aufbau des Werkzeugs wichtig, daß sie in ihrer Richtung derjenigen beim Schnitt entgegengesetzt ist. Besondere Beachtung verdient sie, wenn das Festhalten, Abstreifen, Auswerfen durch Federn, also durch Energiespeicher, erfolgt, die während des Schnittes geladen werden müssen. Die Ladegeschwindigkeit errechnet sich nach dem für die Ermittlung der Schnittgeschwindigkeit angegebenen Verfahren, der Federdruck kann aus der Tafel Abb. 13 entnommen werden.

D. Weg der Energie durch das Werkzeug.

Der Weg, den die Energie durch das Werkzeug nimmt, ist bestimmt durch die Ausbildung und Anordnung der Schneiden.

8. Die Ausbildung der Schneiden ist durch die Schneidenwinkel gegeben: Zuschärfungswinkel β und Freiwinkel α sind ein Maß dafür, in welcher Breite um die Schnittlinie sich die Energie einen Weg von Schneide zu Schneide bahnt, der Scherschrägenwinkel ist bezeichnend für die Länge dieses Weges. In ihrer Bedeutung sind sie in Heft 44, Abschn. 2, 3, 12 und 6, 13, 14 besprochen. Ihre Größe hängt hauptsächlich von dem zu bearbeitenden Stoff und von der Schwere und Feinheit des Schnittes ab.

9. Die Energieleitung ist am besten, wenn nur ein Stempel vorhanden ist.

a) Den Einfachschnitt findet man für solche Schnittformen verwendet, die in der Gestaltung der Schneiden (Heft 57, Abschn. I, B u. C) und in deren Abhängigkeit vom Gesamtfertigungsgang des Werkstückes (Reihenfolge der Bearbeitung) keine Schwierigkeiten erwarten lassen. Man findet sie meist als Freischnitt (Heft 44, Abb. 96) und als Schnitt mit Plattenführung (Heft 44, Abb. 97). Sie lassen über den Weg der Energie kaum Unklarheit aufkommen. Anders, wenn sich die Energie auf ihrem Wege durch das Werkzeug verzweigt.

b) Mehrfachschnitte, bei denen verschiedene Stempel nebeneinander angeordnet sind, sind meist Lochwerkzeuge wie Abb. 14. Man findet sie auch bei schlecht ausgenutzten Blechstreifen, um das Bild des Gitters zu verbessern (Abb. 125 u. 126) als Ausschneidewerkzeuge. — Eine ganz besondere Bedeutung haben Mehr-

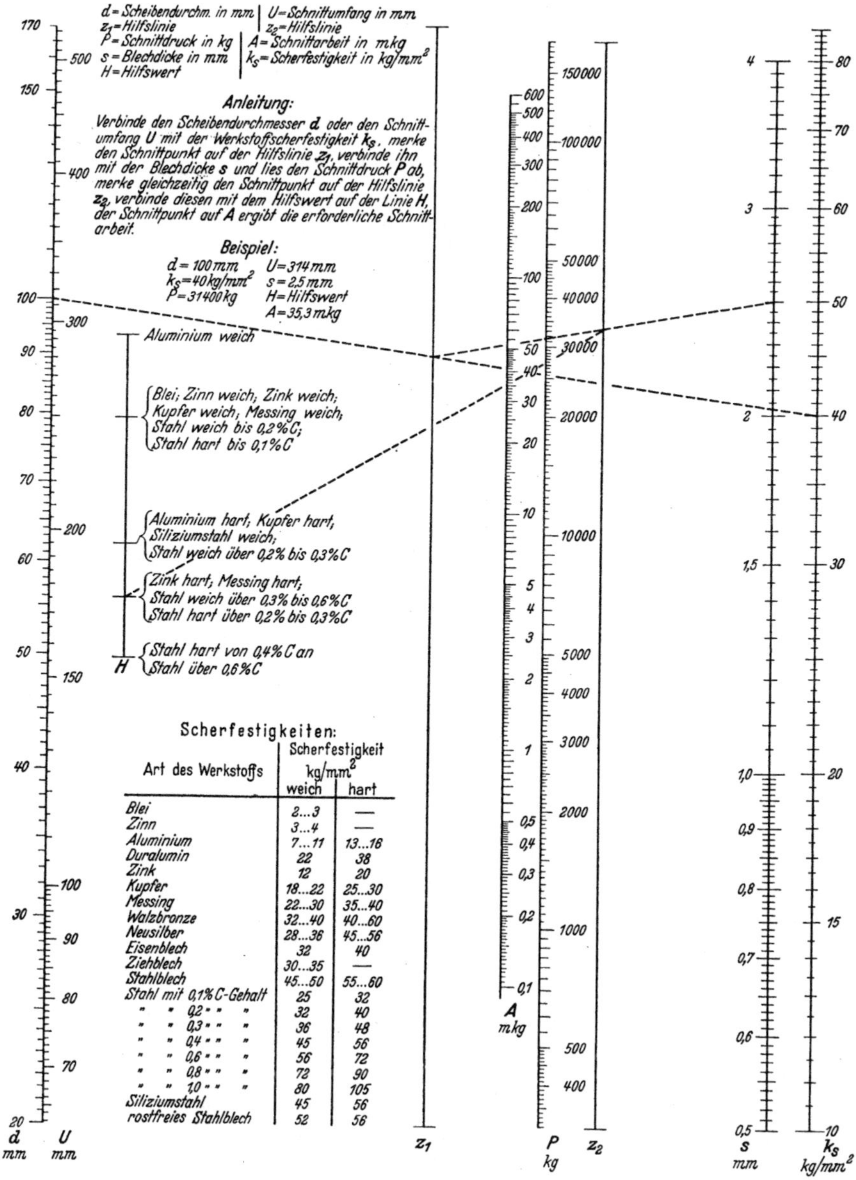

Scherfestigkeiten:

Art des Werkstoffs	Scherfestigkeit kg/mm² weich	Scherfestigkeit kg/mm² hart
Blei	2...3	—
Zinn	3...4	—
Aluminium	7...11	13...16
Duralumin	22	38
Zink	12	20
Kupfer	18...22	25...30
Messing	22...30	35...40
Walzbronze	32...40	40...60
Neusilber	28...36	45...56
Eisenblech	32	40
Ziehblech	30...35	—
Stahlblech	45...50	55...60
Stahl mit 0,1% C-Gehalt	25	32
„ „ 0,2 „ „ „	32	40
„ „ 0,3 „ „ „	36	48
„ „ 0,4 „ „ „	45	56
„ „ 0,6 „ „ „	56	72
„ „ 0,8 „ „ „	72	90
„ „ 1,0 „ „ „	80	105
Siliziumstahl	45	56
rostfreies Stahlblech	52	56

Abb. 12. Leitertafel für die Errechnung des Schnittwiderstandes aus Schnittlänge, Blechdicke, Scherfestigkeit (L. Schuler A.-G.).

fachschnitte gewonnen, bei denen eine ganze Anzahl gleicher Stempel nebeneinander verwendet werden. Auf das Wesen und die Schwierigkeiten dieser Vervielfachung ist in Abschn. 21 c und 4 b eingegangen.

c) Während es sich bei den Mehrfachschnitten um eine einigermaßen gleichmäßige Verteilung des Energiedurchganges auf mehrere Punkte handelt, muß bei den Folgeschnitten auch diese Einschränkung fallen gelassen werden. Folgeschnitte stellen Schnittbilder miteinander umschließenden Schnittlinien in der Weise

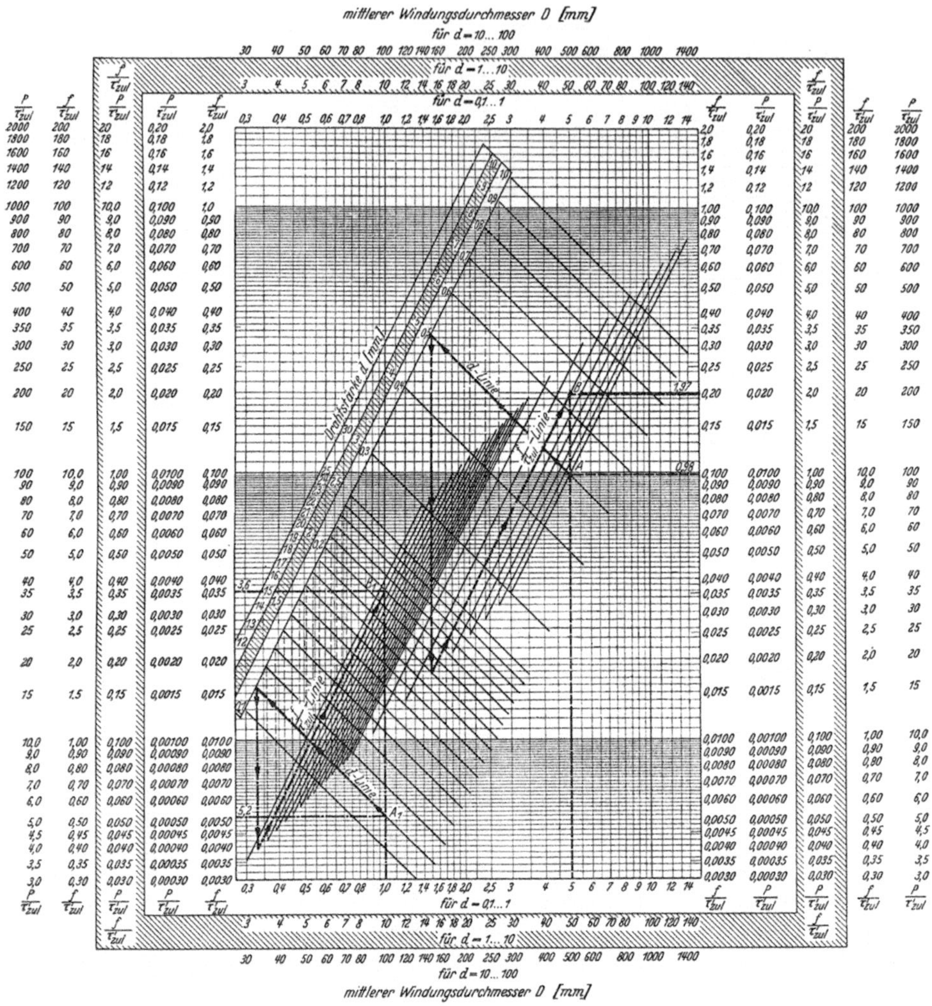

$P = \frac{\pi\, d^3}{16} \cdot \frac{\tau'_{zul.}}{r}$ und $f = \frac{64\, i\, r^3}{d} \cdot \frac{P}{G}$, worin d = Drahtstärke; $\tau_{zul.}$ = zulässige Verdrehungsspannung; $i = 10$ wirksame Windungen; $D = 2r$ = mittlerer Windungsdurchmesser; $G = 8000$ kg/mm². Als Ordinaten sind benutzt $\frac{f}{\tau_{zul.}}$ und $\frac{P}{\tau_{zul.}}$, als Abszisse D.

Die jeweils zusammengehörenden d und $\frac{f}{\tau_{zul.}}$ Linien sind in ihren Anfangspunkten durch gestrichelte Senkrechte verbunden.

Beispiel 1 (rechts): Gegeben Belastung $P = 24{,}5$ kg, mittlerer Windungsdurchmesser $D = 50$; $\tau'_{zul.} = 25$ kg/mm². Gleitmodul $G = 8000$ kg/mm², $i = 10$. Gesucht Drahtstärke und Durchbiegung.

$\frac{P}{\tau'_{zul.}} = \frac{24{,}5}{25} = 0{,}98$; $D = 50$. Als Schnittpunkt dieser Linie A auf der d-Linie = 5 mm (mittlere, schraffierte Skala wird benutzt).

Die zugehörige $\frac{f}{\tau_{zul.}}$ — Linie ergibt mit Schnittpunkt B $f = 1{,}97 \cdot 25 = \sim 49$ mm.

Beispiel 2 (links): Gegeben $P = 187$ kg, $D = 100$, $\tau_{zul.} = 36$ kg/mm², $G = 8250$ kg/mm², $i = 14$. Gesucht d und f.

$\frac{P}{\tau_{zul.}} = \frac{187}{36} = 5{,}2$. $D = 100$ ergeben Schnittpunkt A_1, eine Drahtstärke von $d = 11$ mm Durchmesser und im Schnittpunkt B_1 ein $\frac{f}{\tau_{zul.}} = 3{,}6$. $f = 36 \cdot 3{,}6 = 130$ mm Durchbiegung bei $i = 10$ und $G = 8000$ kg/mm².

Für $G = 8250$ kg/mm² und $i = 14$ ist $f = 130 \cdot \frac{14}{10} \cdot \frac{8000}{8250} = 176$ mm Durchfederung.

Abb. 13. Rechentafel für zylindrische Schraubenfedern mit rundem Querschnitt. (J. Braunfisch, Kiel.)

her, daß die Stempel in einer Folge von Schnitten stufenförmig das Werkstück fertig schneiden, d. h.: der Folge- oder Stufenschnitt ist die Hintereinanderschaltung mehrerer verschiedener Werkzeuge zur Herstellung eines einzigen Schnittbildes. Er schließt also eine ganze Arbeitsfolge oder Fertigungsreihe in sich (Heft 44, Abb. 99) und ergibt dadurch eine hohe Fertigungsgeschwindigkeit. Dieses Verfahren findet man in mancherlei Abwandlungen verwendet. — Nach Abb. 15 erleichtert es die Ausführung besonders schwerer Schnitte. Ein Stempel aus hochwertigem Stahl, einige Millimeter über der Schnittkante bereits verstärkt, hat nur den Putzen zu lockern. Vollends ausgestoßen wird er durch Stempel 2, der bedeutend geringer belastet ist und daher aus weniger hochwertigem Stahl hergestellt werden kann. Schließlich gibt der dritte Stempel dem sich bisher verjüngenden Loch zylindrische oder prismatische Wandungen und maßhaltige Abmessungen. — In Abb. 16 wird das herzustellende Loch durch drei Stempel in zwei Stufen fertig geschnitten, weil die bei *a* sich schneidenden Begrenzungslinien so dicht nebeneinander herlaufen, daß die vorstehenden Spitzen bei geschlossener Energiedurchleitung verbogen und verquetscht würden. Auch wären Stempel und Schnittplatte nicht einfach herzustellen. — Soll eine Scheibe (Abb. 17) mit schmalen Schlitzen versehen werden, würde es für die schwachen Stempel zu gefährlich sein, diese Arbeit an der fertigen Scheibe auszuführen (s. Abb. 26). Bei auftretender Verbiegung oder Verquetschung könnten die Stempel brechen. Bei Energieleitung nach Abb. 18a werden gleichzeitig zwei Ausschnitte fertig. Das abfallende Gitter wird der Länge nach geteilt. Nach Abb. 18b fällt bei jedem Hub ein Ausschnitt an, der Abfall wird dabei in Stücke von Vorschublänge zerschnitten. — Selbst das schwierige Stück einer Schaltwalze (Abb. 19) läßt sich nach dem besprochenen Grundsatz verhältnismäßig einfach herstellen.

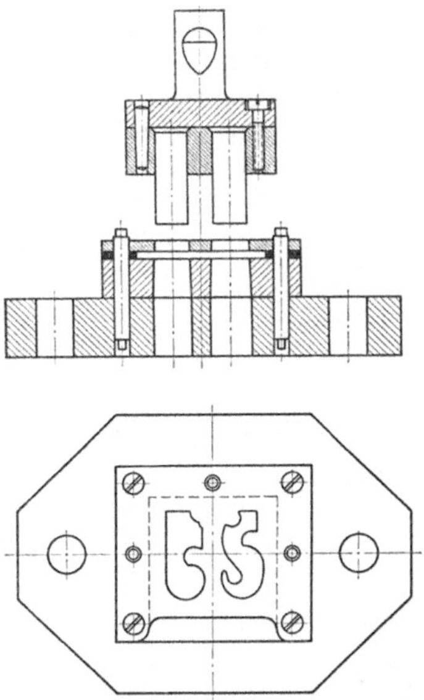

Abb. 14. Mehrfachschnitt mit zwei verschiedenen Stempeln.

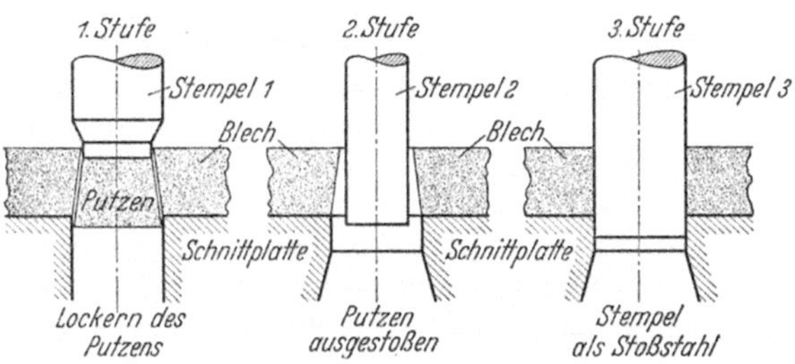

Abb. 15. Herstellung eines Loches in dreistufigem Folgenschnitt.

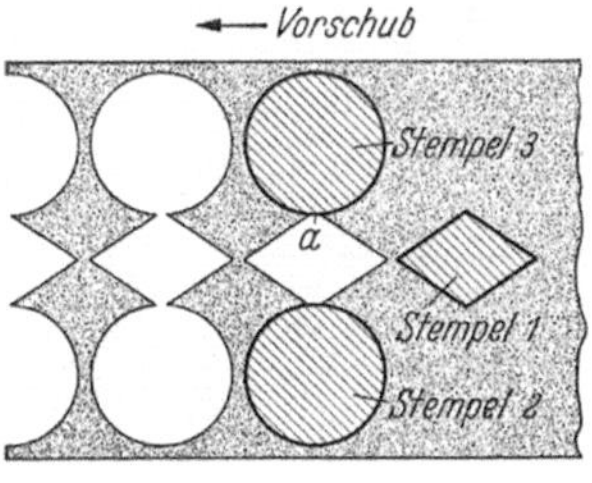

Abb. 16. Verteilung der Schnittlinie auf 3 Stempel in 2 Schnittfolgen.

d) Die verwickeltesten Energieleitungspläne ergeben sich bei den Verbundschnitten, die Werkstücke mit sich umschließenden Schnittlinien in einer Stufe und bei einem Hub herstellen, deswegen, weil häufig Stempel und Schnittplatten sich im Werkzeugober- und Unterteil befinden. Abb. 20 zeigt die Herstellung von Rädchen aus Scheiben. Bei dieser Lösung ist es gelungen, die Stempel im Werkzeugoberteil, die Schnittplatten im Werkzeugunterteil zusammenzufassen. Nach Heft 44, Abb. 105 lassen sich die gleichen Rädchen unmittelbar aus dem Blechstreifen herstellen. Bei den engen Spielen, unter denen die Werkzeugteile gegeneinander arbeiten, dürfen die Stempel nur eben in die Schnittplatten eintreten. Der Hub der Presse muß also auf das Genaueste eingestellt werden, um das vorzeitige Auftreten einer Vorweite (s. Abschn. 15 b, δ u. auch Abb. 66) zu vermeiden.

e) Abb. 21 u. 22 zeigen zwei verschiedene Lösungsmöglichkeiten für einen Schabeschnitt. Ein besonders gearteter Energieleitungsplan ergibt sich, wenn mehrere solcher schabend wirkender Stempel übereinander angeordnet werden, wie in Abb. 23 u. 24. Nach Abb. 23 läßt sich ein Vierkantloch ausdornen, nach Abb. 24 mit einem Stempel eine Stange bei einfachen Genauigkeitsansprüchen mit Abflachungen (Abb. 25) versehen. — Wird der Stufensprung der Stempel immer feiner, so kommt man zu einer in Abb. 26 dargestellten Stempelform, dem Einstech- oder Schälschnitt, der für die Anbringung schmaler Schlitze in dünnen, leicht zu verarbeitenden Stoffen geeignet ist (s. Abb. 18). Schälwinkel bei Zink

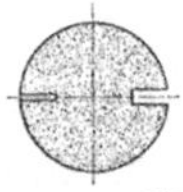

Abb. 17.

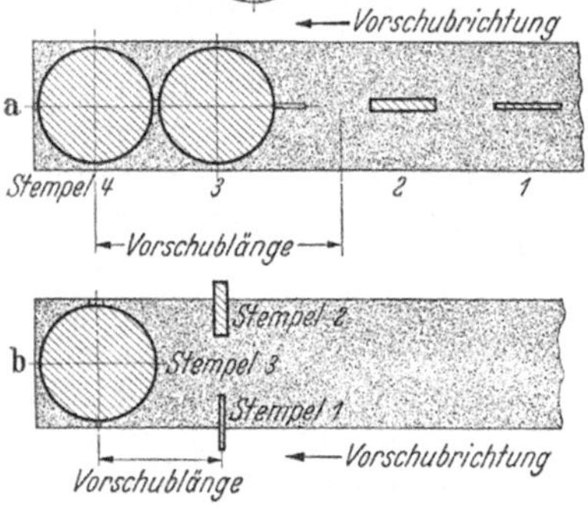

Abb. 18. Herstellung von Scheiben (Abb. 17) mit schmalen Schlitzen mit 3 bzw. 4 Stempeln in 2 Stufen.

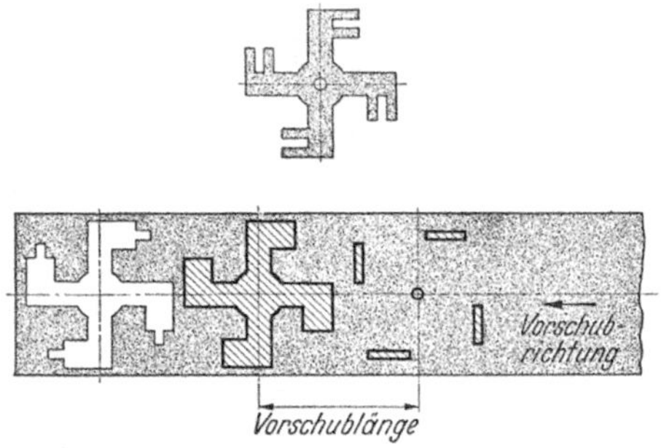

Abb. 19. 6 Stempel auf 2 Stufen verteilt.

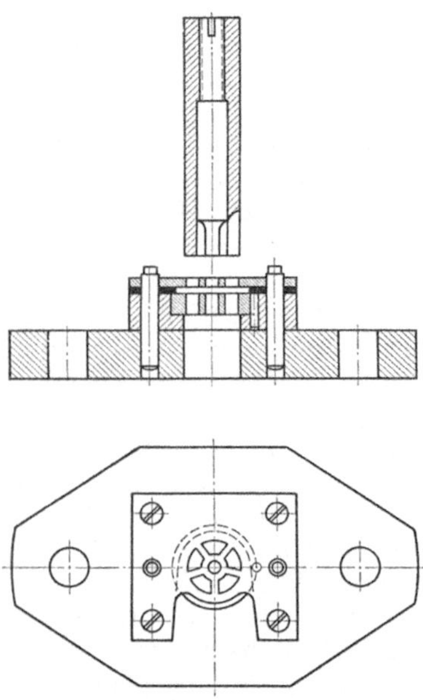

Abb. 20. Ungeführter Verbundschnitt, um Rädchen aus Scheiben herzustellen.

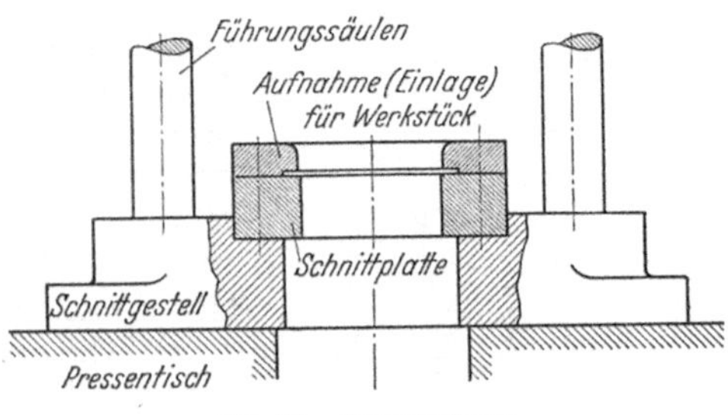

Abb. 21. Schabeschnitt.

45°, bei niedrigeren Schnittwiderständen geringer, bis herab zu 30° bei Kupferblech. Der Seitenschub im Werkteil muß durch Einspannung, im Werkzeug durch eine geeignete Führung aufgenommen werden. Es gilt hierfür das oben und in Heft 44, Abschn. 15 über die Scherschräge Gesagte.

f) Beim Ab- und Einschneiden handelt es sich um die Herstellung nicht in sich geschlossener Umrißlinien (Heft 44, Abschn. 2 u. 4). Das einfachste Abschneiden

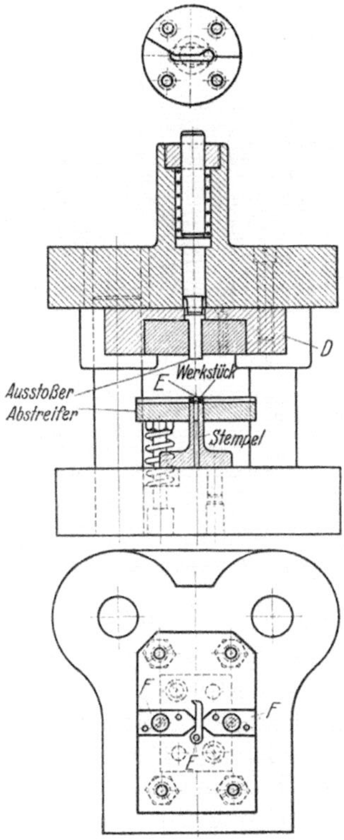

Abb. 22. Schaben eines Rastenhebels mit Maßtoleranzen von ± 0,05 mm.

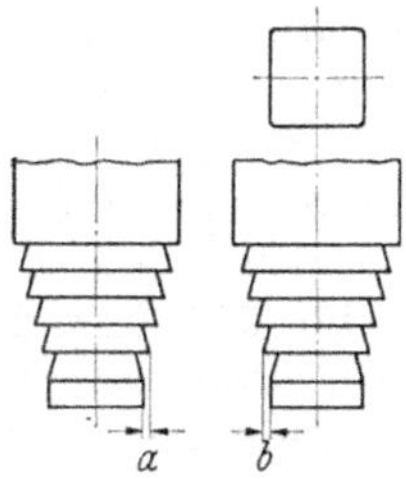

Abb. 23. Übereinander angeordnete Schneiden in geschlossener Schnittform.

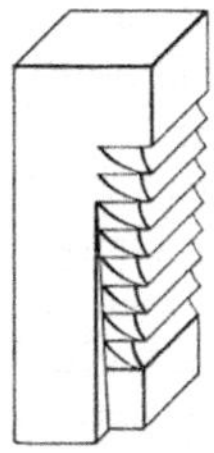

Abb. 24. Übereinander angeordnete Schneiden in Abschneiderform.

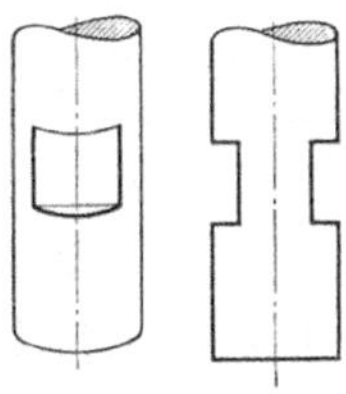

Abb. 25. Abflachung mit Stempel nach Abb. 24 hergestellt.

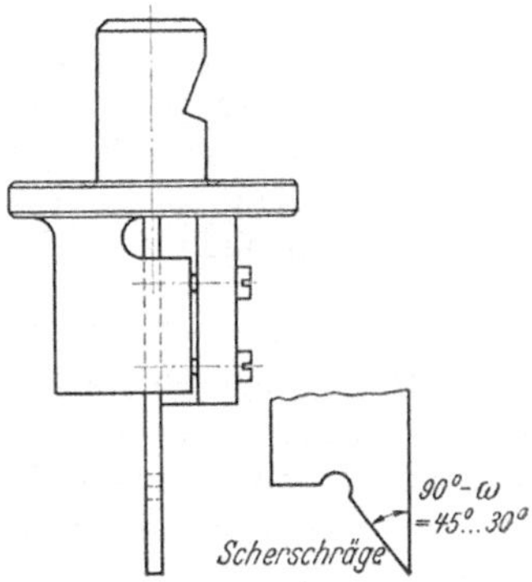

Abb. 26. Einstech- oder Schälschnitt.

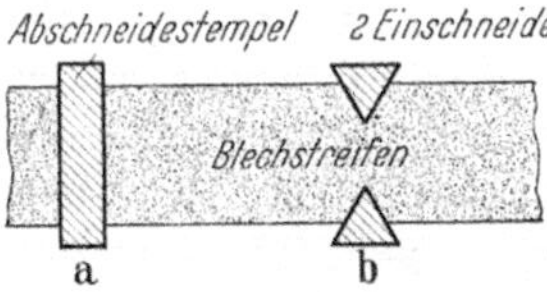

Abb. 27. a) Abschneideschnitt. b) Einschneideschnitt.

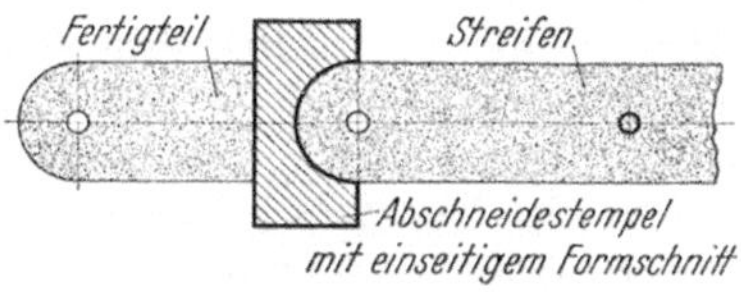

Abb. 28. Abschneidestempel für einseitigen Formschnitt.

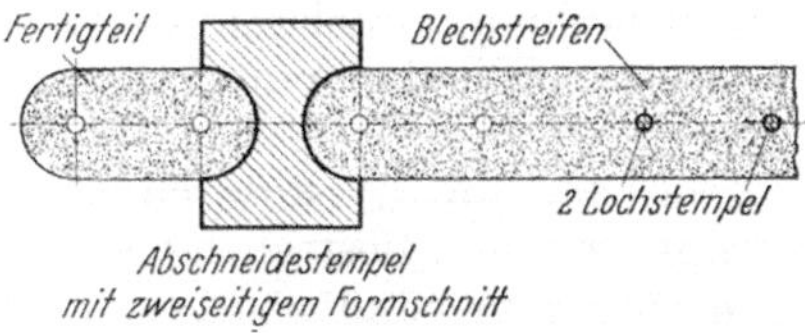

Abb. 29. Abschneidestempel mit zweiseitigem Formschnitt.

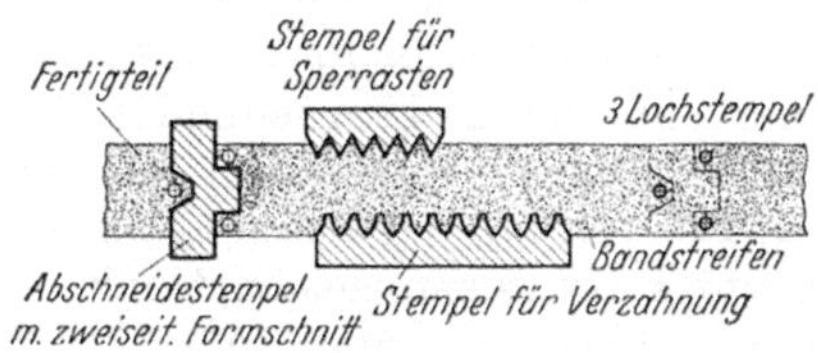

Abb. 30. Vierseitiges Formschneiden.

findet bei der Schere statt. Auf ein Werkzeug angewandt ergibt sich das Stempelbild der Abb. 27a. — Die meiste Anwendung findet das Einschneiden beim Seitenschneider. Aus Abb. 27b ist zu erkennen, daß sich diese Art der Energiedurchleitung auch zur Formgebung heranziehen läßt. — So findet man in Abb. 28 einseitiges Abschneiden mit einem Formschnitt verbunden, in Abb. 29 einen Abschneider als zweiseitigen Formschnitt, in Abb. 30 gar vierseitiges Formschneiden. Schließt sich auf diese Weise wieder die zu schneidende Umrißlinie, so kommt man zur Umkehrung von Stempel und Schnittplatte. Das Verfahren des Ab- und Einschneidens ist da empfehlenswert, wo die Genauigkeitsansprüche nicht hoch sind.

g) Der Taumelschnitt (Abb. 31) bewirkt an sich auch ein Abschneiden, doch erhält der Energieleitungsplan dadurch eine Sonderheit, daß die Schnittplatte sich in Abhängigkeit vom Hub des Stempels quer gegen diesen bewegt.

Rechnet man zu diesen Möglichkeiten in Abschn. 8 u. 9 noch die der Vervielfachung, die der gegenseitigen Zusammenstellungen und die der Zusammenfassung mit anderen Arbeitsgängen als Schneiden, so kann man sich vorstellen, ein wie weit verzweigtes System die Energieleitung ausmachen kann (s. Beispielsammlung in den AWF-Blättern 5900 u. ff.).

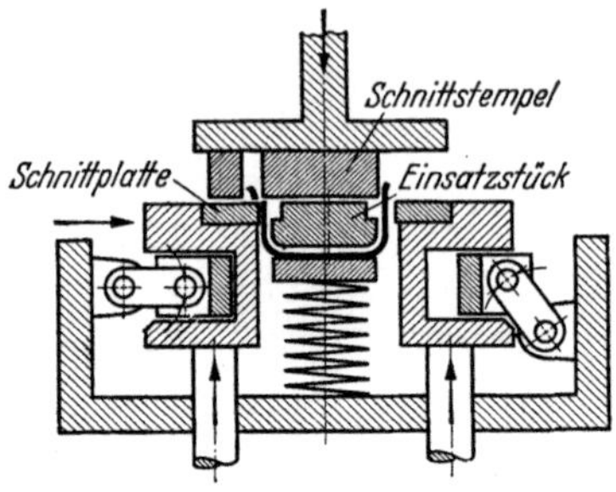

Abb. 31.
Taumelschnitt (Patent Schuler). Die Schnittplatte wird durch Stifte (im Bild links an der Stößelplatte), die mit dem Schnittstempel fluchten, abwärts gedrückt, entgegen dem von Stelzen übertragenen Preßluftdruck. Die Schnittplatte wird durch Gelenke nacheinander in 4 Richtungen gegen den Schnittstempel bewegt, wodurch das Ziehteil allseitig beschnitten wird.

E. Energiekreis des Werkzeugs.

10. Zweck der Energieflußkontrolle. Durch Beobachtung des Energieflusses soll dafür gesorgt werden, daß die Energien möglichst verlustfrei an die Stellen der Arbeitsleistung gebracht werden, nicht nur wegen des Energieverlustes an sich, sondern namentlich mit Rücksicht auf die Schäden, die abirrende Energieströme anrichten können. Sie sind an ihrer Arbeitsleistung (Federungs-, Reibungs-, Biegungs- und Verdrehungsarbeit) zu erkennen. Vorbedingung für ein energiewirtschaftlich aufgebautes Schnittwerkzeug ist also die Schonung der Schneiden und anderer Werkzeugteile. Dies wird um so eher erreicht, je kleiner die Formänderungen beim Schnitt sind, am besten dann, wenn sich die beim Schnitt auftretenden, nicht unmittelbar zum Schnitt notwendigen Kräfte von vornherein das Gleichgewicht halten; denn Bewegung und damit Formänderung dauern beim Schnitt so lange an, bis durch die Formänderungsarbeit der Gleichgewichtszustand wieder erreicht ist. Zweck der Energieflußkontrolle ist also: zu untersuchen, wie das Gleichgewicht aller durch den Schnittvorgang ausgelösten Nebenkräfte in jeder Phase des Schnittverlaufs zu erreichen oder wie ihm nahezukommen ist, um so den von der Konstruktion gewollten Energieweg einzuhalten.

11. Gleichgewicht. Die Kräfte, die in Gleichgewicht zueinander gebracht werden müssen, gehen letzten Endes auf die Schneidenausbildung zurück und deren Rückwirkung auf den zu bearbeitenden Werkstoff, sowie auf die dabei möglichen gegenseitigen Beeinflussungen bei Mehrfachschnitten usw.

a) Der Einfluß des Zuschärfungswinkels β (Heft 44, Abb. 6) ist durch das Drehmoment $P_w \cdot b$ gekennzeichnet, mit dem die Schneiden dem Bestreben des Bleches, sich zwischen die Schneiden zu klemmen, sich entgegenstemmen müssen. Durch Niederhalter mit dem Drehmoment $P^{\times} \cdot l^{\times}$ sucht man die Schneiden zu entlasten. Den noch verbleibenden Schub fängt man durch Werkzeugführungen ab. — Bei geschlossenen Umrißlinien treten diese Erscheinungen ebenfalls zutage. Doch halten sich die Kräfte an den Schneiden das Gleichgewicht, wenn das Werkzeug vollkommen unelastisch ist. Die Verformungen des Bleches — man kann es nicht für starr ansehen — nehmen dagegen durch den Verlauf der Schnittlinie bedingte und durch ihre gegenseitige Abhängigkeit bestimmte Formen an und wirken sich dementsprechend, z. B. bei Mehrfachschnitten, auf die Umgebung aus.

b) Bezeichnend für den Einfluß der Scherschräge ω ist der Seitenschub (Heft 44, Abb. 15) $P_3 = P \cdot \sin\omega$. An den Schneiden nimmt man ihn durch Werkzeugführungen auf. Die Auswirkungen der Scherschräge am Blech sind in Heft 44, Abb. 16 u. 17 dargestellt, und zwar geht die Verbiegung Abb. 17 auf P_1 zurück, Verbiegung Abb. 16 auf P_2; P_3 sucht das Blech in Richtung der Schnittlinie wegzuschieben. Man verhindert das durch Festhalter. — Bei geschlossenen Umrißlinien sucht man an den Schneiden das Gleichgewicht dadurch herzustellen, daß man zwei Scherschrägen mit entgegengesetztem Schrägenwinkel gegeneinander arbeiten läßt. Gelingt dieser Ausgleich nicht ganz, so bleibt ein Rest Schubneigung bestehen, wenn die Richtung der Querkraft durch den Schwerpunkt der Schnittkräfte geht, sonst entsteht ein Drehmoment um diesen. Über das Verhalten des Bleches ist in Abschn. 2 c bereits gesprochen.

c) Der Einfluß der Reibung ist selten genau zu erfassen wegen der schwankenden Reibzahl für die innere Reibung im Werkstoff und die zwischen Blech und Schneiden. Die drei Faktoren der Reibungsarbeit: Kraft rechtwinklig zum Weg, Reibungsweg und Reibzahl sind in Heft 44, Abschn. 5 u. 6 besprochen. Durch Freiwinkel α und ähnliche Maßnahmen: polierte Schneidenkanten, Spiel zwischen den Schneiden kann man die Reibungsarbeit herabsetzen; zu vermeiden ist sie nicht. — Da die Reibung den am Schnitt wirkenden Kräften entgegengesetzt ist, ergeben sich bei geschlossener Umrißlinie keine besonderen Schwierigkeiten, solange die Reibungsverhältnisse auf dem ganzen Umfang die gleichen sind. — Anders bei der Wirkung der Reibung auf das Blech. Infolge der Reibung spannt es sich bei geschlossener Umrißlinie und klemmt sich in der Schnittplatte oder am Stempel fest und muß durch Auswerfer und Abstreifer entfernt werden. — Selbstverständlich können die Einflüsse a . . . c zu zweit oder zusammen auftreten.

d) Jede Formgebung des Werkzeugs und der Schneiden kann man natürlich nur auf einen bestimmten Zustand abstellen, und für diesen allein sind dann die Kräfte im Gleichgewicht, ist die Summe der Formänderungsarbeiten gleich Null. Dabei ist vorausgesetzt, daß das Schnittwerkzeug als Ganzes und in seinen Einzelteilen starr ist, sein Zustand sich im Betrieb nicht ändert usw. Wir wissen allerdings, daß solche Forderungen in der Praxis nicht erfüllt und nicht erfüllbar sind, man denke nur an das Abstumpfen der Schneidenkanten. Unser Ziel muß daher sein, die Summe der Fehlermöglichkeiten kleinzuhalten. Dazu ist nötig: alle Fehlerquellen zu erkennen und Mittel zu ihrer Abstellung zu suchen.

12. Gestörtes Gleichgewicht. Wie schon erwähnt, wird das Gleichgewicht der Kräfte an den Schneiden meist durch Querkräfte oder Drehmomente in der zum Schnitt rechtwinkligen Ebene gestört, also in der Ebene, in der auch die Normalkraft der Reibung wirkt. Die Größe der Störkräfte ist von der Art der Gleichgewichtsstörung und der Höhe des Schnittdruckes abhängig. Da der Schnittdruck meistens sehr hoch ist, rufen auch kleine Gleichgewichtsstörungen Störkräfte in unangenehmer Höhe hervor, so daß der Stempel die Neigung erhält, der Querkraft oder dem Drehmoment nachzugeben: der Stempel biegt oder verdreht sich, oder beides zusammen. Die Folge davon ist eine Änderung der Schnittwinkel und eine Verengung des Spiels an der Seite, nach der die Bewegung erfolgt, d. h. an diesen Stellen steigt der Schnittwiderstand (Abb. 32 u. 33). Diese Erhöhung des Schnittwiderstandes zur Rückgewinnung des Gleichgewichtes wird also durch Formänderung des Stempels und durch die höhere Belastung der Schnittplatte erzielt, die mit der Spielverengung verbunden ist. Gleichzeitig vergrößert sich der Spalt an der Seite, von der aus die Bewegung des Stempels eingeleitet wurde, d. h. der Schnittwiderstand wird an dieser Seite geringer. Die Bewegung des Stempels hält so lange an, bis das Gleichgewicht zwischen Schub und Drehung einerseits und die durch sie hervorgerufene Widerstandsvergrößerung und -herabsetzung andererseits wieder hergestellt ist. Da der Schnittdruck von Null bis zu einem Höchstwert anschwillt, handelt es sich hierbei nicht um einen einheitlichen Störungszustand, sondern die Störungen können während des Schnittverlaufes in Art und Größe sich ändern, je nach ihrer Abhängigkeit vom Schnittdruck. — Wiederholen sich diese Erscheinungen ständig, so nutzen sich die Schneiden an den Stellen verengten Spieles infolge der erhöhten Reibung stärker ab als an den entgegengesetzten. Der Stempel muß also, um das Gleichgewicht wieder herzustellen, immer weiter ausweichen, bis das Ende der Schnittfähigkeit durch Fressen der Schneiden aneinander oder durch Aufsetzen der Schneiden aufeinander eintritt. Entsprechendes gilt für das Ausweichen der Schnittplatte gegenüber dem Stempel.

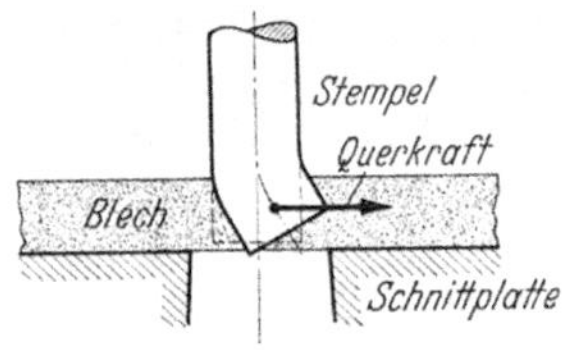

Abb. 32. Durch Querkraft abgebogener Stempel.

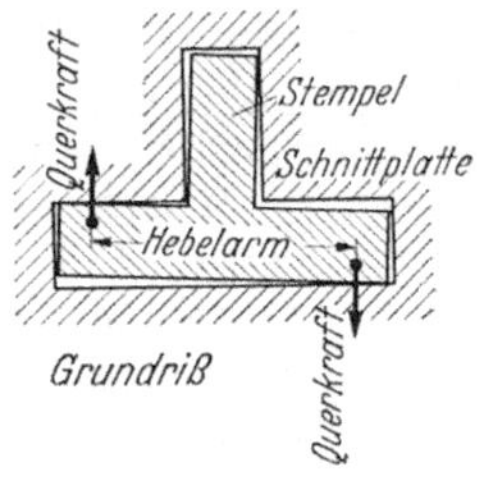

Abb. 33. Durch Drehmoment Stempel gegen Schnittplatte verdreht.

Diese Vorgänge spiegeln sich am bearbeiteten Blech insofern wieder, als das Loch schief geschnitten wird (s. Abb. 32) und daß beim Rückgang des Stempels, wenn dieser in seinem Umkehrpunkt spannungsfrei wird und zurückfedert, der Blechstreifen zurückgeschleudert oder, wenn er nicht folgen kann, verbogen wird. Bei zunehmendem Verschleiß an den Schneiden tritt schließlich Gratbildung ein.

Im folgenden sollen die Ursachen der Gleichgewichtsstörungen untersucht werden.

F. Beeinflussung des Energiekreises durch das verarbeitete Blech.

13. Gleichgewichtsstörungen durch den zu verarbeitenden Stoff. Schwierigkeiten können sich ergeben:

a) durch die Stoffeigenschaften an sich. Ganz besonders sind die Ungleichmäßigkeiten in Härte, Fließneigung und Schnittwiderstand zu beachten (s. Heft 44, Abschn. 17 u. 18);

b) durch die Form des Werkstoffes. In den DIN-Blättern sind für viele Bleche die Formen festgelegt, zugleich vielfach die zulässigen Abweichungen in der Dicke. Die Größe dieser Toleranz verdient besonders Beachtung, weil der Werkstoff gewissermaßen von sich aus infolge dieser Toleranzen eine Scherschräge erzeugen kann;

c) durch Fehler in der Herstellung. Zu dem Einfluß der Walzrichtung (s. Abb. 7) kommen die Fehler im Blech. Sie sind zurückzuführen auf fehlerhaftes Halbzeug, fehlerhaftes Walzen, fehlerhaftes Glühen.

d) Ungleichmäßige Oberflächenbeschaffenheit, wie Verzunderung, Anfressungen, auch ungleich dicke Lackierungen und Überzüge aller Art.

Die dadurch entstehenden Ungleichmäßigkeiten sind es, die das Gleichgewicht stören: harte Stellen im Blech ergeben einseitig erhöhten Schnittwiderstand, Stellen mit großer Neigung zum Fließen zeigen das umgekehrte Bild; Schwankungen in der Dicke sind gleichbedeutend mit Scherschrägen. An weichen, aber brüchigen Stellen im Blech tritt die Trennung durch Bruch früher ein als an zähen mit höherer Festigkeit durch Schnitt; es bilden sich also dieselben Verhältnisse wie bei einer Scherschräge heraus. Falten- und Wellenbildung (s. Heft 44, Abb. 55, Abschn. 17b) bedingt ungleichmäßige Abnutzung der Schneidenkanten durch die Bewegung des Bleches beim Schnitt, ganz besonders dann, wenn das Blech dazu noch verzundert ist. Dopplungen und Bläschen wirken sich beim Schnitt wie zwei aufeinandergelegte Bleche aus. Die Verschiebungsmöglichkeit in der Dopplung kommt der Fließneigung entgegen, macht diese zum Teil überflüssig. Geht ein Teil der Schnittlinie durch die Dopplung, so ergibt diese einseitig geringeren Schnittwiderstand mit der daraus folgenden Stempelbewegung. Dabei liegt die untere Blechdickenhälfte in der Schnittplatte fest, die obere verschiebt sich mit dem Stempel. Ungleich dicke Lackierungen und sonstige Überzüge nehmen je nach Elastizität und Verformbarkeit des Überzuges eine Mittelstellung zwischen ungleicher Blechdicke und den Vorgängen bei der Dopplung ein. Bei der Beurteilung des zu verarbeitenden Bleches kommt es also nicht so sehr auf die Eigenschaften irgendeiner Art an sich an — diese Einflüsse ließen sich erfassen — als vielmehr auf die Gleichmäßigkeit dieser Eigenschaften über die gesamte zu verarbeitende Menge, besonders aber jeweils über die Größe eines Werkstückes. Die Gefahr der Abweichung des Energiedurchganges von dem gewollten wird also um so größer sein, je größer die zu verarbeitende Menge und je größer das Werkstück ist oder über eine je größere Stofffläche die Arbeit des Werkzeugs sich erstreckt.

14. Einfluß der Form des Werkstückes. In Abschn. 9 ist dargelegt, wie die Form des Werkstückes den Energiedurchgang beeinflußt. Das in Abschn. 11a über das Auftreten von Querkräften bei Zuschärfung der Schneide Gesagte kann unmittelbar auf Abschneidearbeiten übertragen werden, d. h. bei Abschneidern muß der Schub durch Werkzeugführungen und durch Niederhalter aufgenommen und so die Einhaltung der Schneidenstellung erzwungen werden, damit überhaupt ein Schneiden stattfindet. Ist das Spiel in den Führungen zu groß oder federt eine Führung oder eine Schneide infolge ihrer Länge, so klemmt sich das Blech zwischen die Schneiden und sucht den Spalt zu vergrößern so lange, bis der Widerstand in den Führungen zusammen mit der Durchbiegung der Schneiden größer wird als die Querkraft.

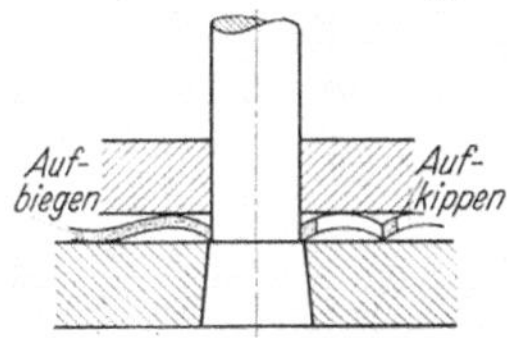

Abb. 34. Aufbiegen und Aufkippen des Bleches beim Schnitt.

Bei geschlossenen Schnittformen besteht die Gefahr des Einklemmens des Werkstoffes zwischen die Schneiden namentlich dann, wenn sich Schnittlinien unter spitzem Winkel schneiden und wenn dicht am Blechrand geschnitten wird. An solchen Stellen ist der Widerstand des Bleches gegen Verbiegen und Verziehen (Abb. 34) geringer als gegen die mit dem Schnitt verbundene Scherbeanspruchung, so daß das Blech dem Schub folgt und den Stempel abdrängt. Diese Abdrängung ist beträchtlich, und es ist eine Frage der Blechfestigkeit, ob das Blech eher reißt als der abgedrängte Stempel auf die Schnittplatte aufsetzt. Zu vermeiden sind diese Gleichgewichtsstörungen durch geeignete Niederhalter (Abb. 35), geeignete Anwendung des Folgeschnittes (Abb. 17) und durch genügend breite Streifenränder (Heft 44, Abb. 57 u. 58).

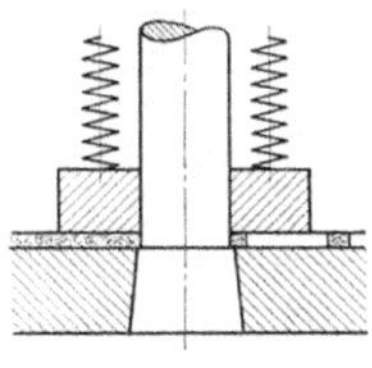
Abb. 35. Blech beim Schnitt flach gehalten.

G. Beeinflussung des Energiekreises durch die Schneiden.

15. Gleichgewichtsstörungen durch die Schneiden. An die Gleichmäßigkeit in der Ausbildung der Schneiden stellt ein wirtschaftlicher Energiedurchgang hohe Anforderungen:

a) Zunächst muß der Stoff der Schneiden in seinen Eigenschaften: Festigkeit, Elastizität, Verschleißwiderstand, Formhaltigkeit u. a. m. sehr gleichmäßig sein (Heft 44, Abschn. 9). Das sind Forderungen, für die die Stahlwerke einzustehen haben.

b) Die Güte der Schneidenausbildung ist hauptsächlich eine Bearbeitungsfrage, die sich bezieht:

α) auf den richtigen Härtezustand; Wegweiser sind die Härtevorschriften der Stahlwerke,

β) auf die gleichmäßige Einhaltung der günstigsten Härte über die ganze Schneidenlänge (s. Heft 44, Abschn. 10, und Heft 7 u. 8),

γ) auf die Erzielung einer gleichen Schärfe über die ganze Schneidenlänge; die Kontrolle bezieht sich auf die feinste und sauberste Ausführung der Schneiden und auf die Gleichmäßigkeit des Überganges von einer Schneidenfläche zur anderen (Heft 44, Abschn. 10 und Abb. 34, 35); über den günstigen Einfluß des Läppens s. Abb. 36,

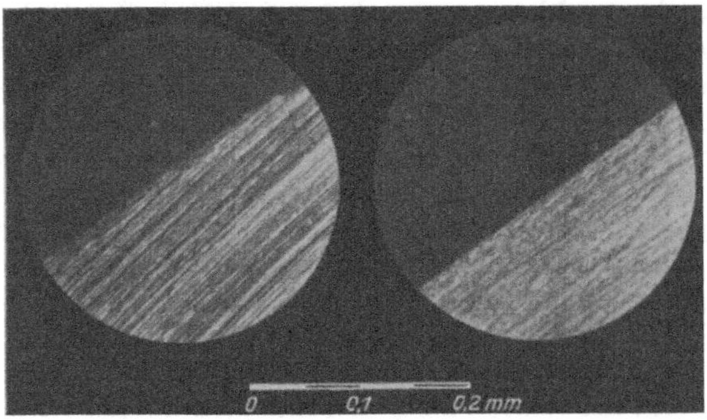

nur geschliffen geläppt

Abb. 36. Geläppte Schneiden bedeuten bis zu 25 % Leistungssteigerung.

δ) auf die gleichmäßige Einhaltung der durch die Konstruktion vorgeschriebenen Schneidenwinkel α, β, γ (Werfen und Wachsen des Stahls beim Härten).

Daß zu mancher dieser Prüfungen die Werkstatt noch nicht geeignete Meßwerkzeuge besitzt, zwingt zu um so größerer Kontrollsorgfalt; denn Störungen des Gleichgewichtes an den Schneiden können durch die Schneiden selbst ausgelöst werden, wenn die Schneiden sich infolge ungleicher Härte ungleichmäßig stauchen, und durch die Ausbildung von Scherschrägen (s. das über die Hochpunkte bei Scherschrägen in Abschn. 2c Gesagte). Zeigen die Schneiden ungleiche Zuschärfung (Abb. 37) und ungleiche Freiwinkel (Abb. 38), so ist der Schnittwiderstand an der Stelle der größeren Zuschärfung, des größeren Freiwinkels geringer als an den Stellen mit den kleineren entsprechenden Werten. Der Stempel biegt sich nach der Seite des geringeren Schnittwiderstandes. Sprünge in Schnittplatte und Stempel, zurückzuführen auf falsche Warmbehandlung und ähnliche Mißhandlung, lassen ein Gleichgewicht erst gar nicht zustande

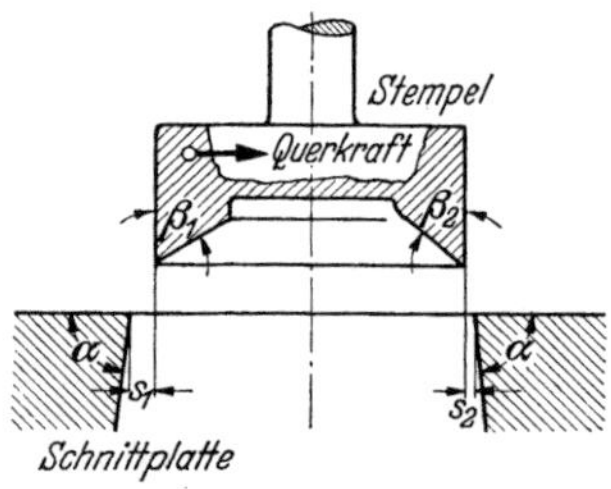

Abb. 37. Ungleiche Zuschärfung des Stempels.

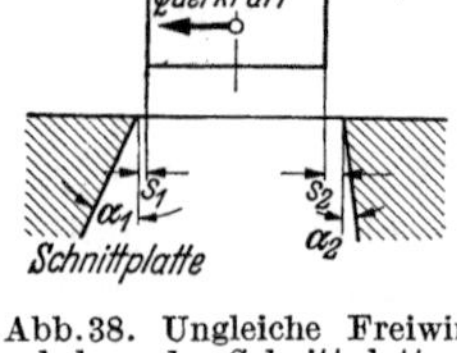

Abb. 38. Ungleiche Freiwinkel an der Schnittplatte.

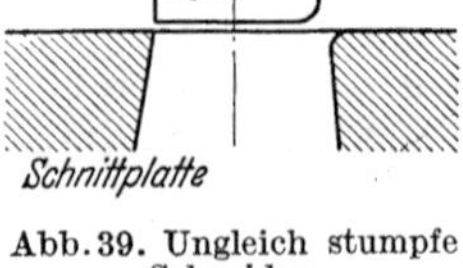

Abb. 39. Ungleich stumpfe Schneiden.

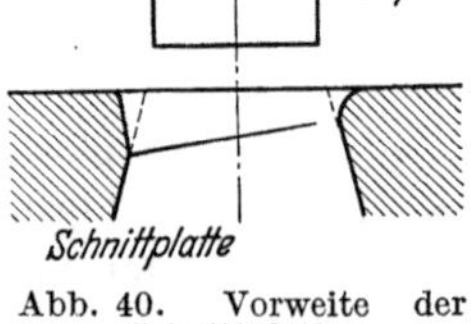

Abb. 40. Vorweite der Schnittplatte.

kommen, wenn die Schneiden brechen. Unzureichende Härtung setzt die Standzeit der Schneiden durch Abstumpfen herab. Der Schnittvorgang mit stumpfer

Schneide ist in Heft 44, Abschn. 12c beschrieben. Man beachte daneben oben Abschn. 11. Ungleichmäßige, unzureichende Härtung hat ungleiches Abstumpfen (Abb. 39) im Gefolge. Der Stempel weicht wieder nach der Seite des geringen Widerstandes, d. i. nach der Seite der größeren Schärfe, aus. Unsaubere Schneidenflächen erhöhen die Reibung und Abnutzung. Die Schneiden stumpfen ab, es ändern sich die Schnittwinkel (Vorweite) (Abb. 40). Da diese Abnutzung nicht gleichmäßig erfolgen wird, ergibt sich wiederum Schub, d. h. Gleichgewichtsstörung.

c) Auch die Gestaltung der Werkzeugteile ist zur Erzielung und Erhaltung des Gleichgewichtes der Kräfte beim Schnitt zu benutzen:

16. Die Bemessung des Stempels und der Schnittplatte hat Dr.-Ing. G. Oehler[1] rechnerisch erfaßt. Es kommt darauf an, daß die bei der hohen Belastung von beiden auftretenden Formänderungen so klein bleiben, daß durch Biegung, Verdrehung und Ausknickung von Schnittplatte und Stempel und im Zusammenwirken beider durch das Abrücken des Angriffpunktes der Gesamtdruckkraft von dem Schwerpunkt der Schnittlinien keine schädlichen Scherschrägen entstehen.

17. Maßnahmen gestaltender Formgebung. Mit der Darstellung der Ausführungsformen von Stempel und Schnittplatte in Heft 57, Abschn. I und mit den Grundzügen für ihre rechnerische Bemessung sind die Unterlagen für zweckmäßiges Gestalten von Stempel und Schnittplatten gegeben. Bei diesen Überlegungen ist allerdings vorausgesetzt, daß die Kraft gleichmäßig von den dafür bestimmten Flächen übertragen wird. Diese Forderung ist nicht leicht zu erfüllen. Aus der Notwendigkeit größter Starrheit des Schnittwerkzeuges bei allerhöchster Beanspruchung ergibt sich daher die Aufgabe, mit möglichst wenig Übertragungsflächen auszukommen, d. h. einen Schnitt aus möglichst wenigen Einzelteilen aufzubauen; denn jede Teilfläche kann bei den großen Drucken Spiel, also Ungenauigkeit und damit Energieableitung auf ungewolltem Wege verursachen. Das Streben nach Wirtschaftlichkeit geht in der gleichen Richtung, so daß man an und für sich wenig geneigt ist, in dieser Hinsicht vernunftwidrigen Luxus zu treiben. Aufgabe der Werkzeugmacherei ist es nun, Stempel und Schnittplatte so herzustellen, daß der Energiedurchgang gemäß der Konstruktion abläuft. Die zu dieser Nachprüfung notwendigen Kontrollmaßnahmen findet man, wenn man die möglichen Fehler zusammenstellt.

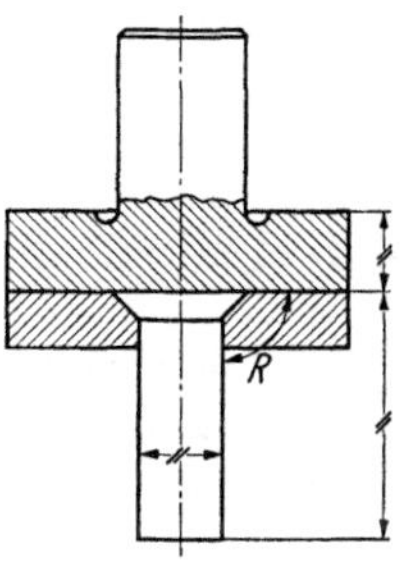

Abb. 41. Der richtig hergestellte und ausgerichtete Stempel.

18. Herstellungsfehler am Stempel. Damit die Schneiden richtig zur Wirkung kommen, müssen die Stempel und die Schnittplatten genau ausgeführt, ausgerichtet und sachgemäß befestigt sein. Als Herstellungsfehler am Stempel sind alle Abweichungen von den in Abb. 41 dargestellten Forderungen anzusehen: Parallelität der Stempellängskanten; Parallelität zwischen Anlagefläche des Stempelkopfes, der Anschlagfläche des Stempels an diesem und den Schneidkanten, soweit nicht mit Scherschräge gearbeitet werden soll; Winkligkeit des Stempels zu seiner Anlagefläche am Stempelkopf. Zur Kontrolle ist in mindestens zwei zueinander rechtwinkligen Ebenen zu messen. Die hierbei festzustellenden Fehler lassen sich zu folgenden Gruppen zusammenfassen:

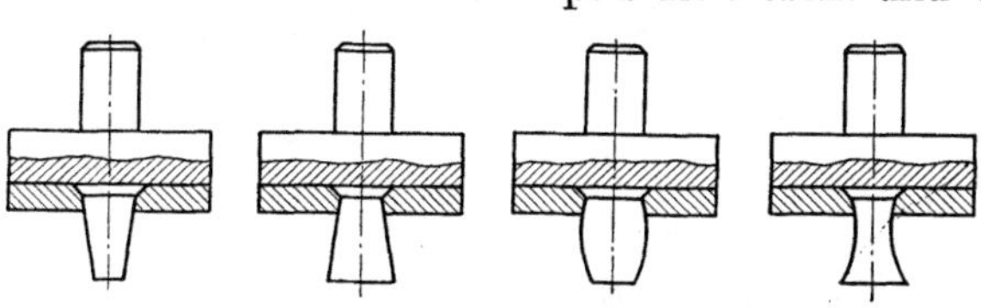

Abb. 42. Abb. 43. Abb. 44. Abb. 45.

Abb. 42 . . . 45. Fehler an Stempeln bei der Herstellung zwischen Spitzen.

[1] Dr.-Ing. G. Oehler, Taschenbuch für Schnitt- und Stanzwerkzeuge. Julius Springer 1933.

a) Die Stempellängskanten sind nicht parallel. Abb. 42 . . . 45 zeigen Fehler an Stempeln, die zwischen Spitzen bearbeitet wurden. Liegen die Spitzen mit ihren Achsen nicht genau in einer Linie, so wird der Stempel nach oben oder unten hin verjüngt (Abb. 42 u. 43). Werden dünne, lange Nadeln mit zu großem Span gefräst, gehobelt oder geschliffen, so federn die Nadeln unter dem Schnittdruck durch, d. h. sie werden in der Mitte zu dick (Abb. 44). Um solche Fehler zu vermeiden, stützt man den Stempel in der Mitte. Unterlegt man dabei zu hoch, so wird der Stempel in der Mitte zu dünn (Abb. 45). Flache Stempel bearbeitet man in Schraubstöcken. Hierbei ist mehrmaliges Umspannen notwendig. Neigt der bewegliche Schraubstockbacken zum Aufbäumen, so werden die Seitenkanten nicht parallel (Abb. 46 u. 47).

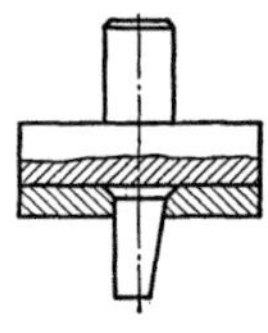
Abb. 46.

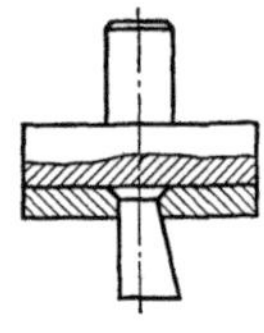
Abb. 47.

Abb. 46 u. 47. Flache Stempel: Umspannfehler.

b) Die Anlageflächen sind nicht parallel. Fehler wie in Abb. 48 sollten aus Herstellungsgründen nicht unterlaufen. Sie stellen sich aber während des Betriebes ein, wenn der Stempel einseitig überlastet wird oder der Stempelkopf ungleich hart ist. Man vermeidet diese Erscheinung durch Zwischenlegen einer Federstahlplatte (Abb. 49).

c) Der Stempel steht zur Anlagefläche nicht rechtwinklig. Abweichungen wie Abb. 50 sind auf Spannfehler bei der Herstellung des Stempels zurückzuführen.

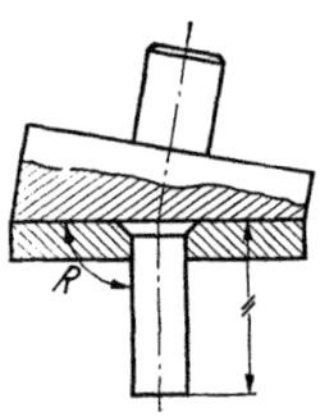

Abb. 48.

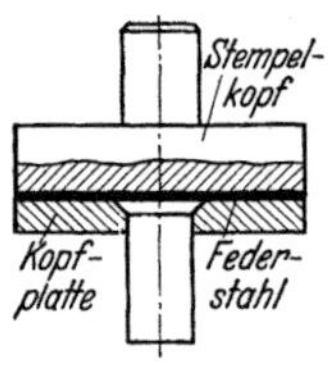

Abb. 49.

Abb. 50.

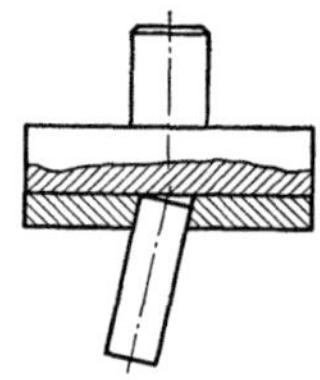
Abb. 51.

Abb. 48, 50 u. 51. Schief stehende Stempel.
Abb. 49. Stahlplatte zwischen Kopf und Kopfplatte.

In Abb. 51 ist die Öffnung in der Kopfplatte durch Aufdornen mit gehärtetem Stempel hergestellt. Dieser hat aus irgendwelchen Gründen Schub erhalten: die Öffnung ist schief.

d) An jedem einzelnen Stempel können auch mehrere dieser Fehler gleichzeitig auftreten. In Abb. 52 verjüngt sich der Stempel nach den Schneiden und hat sich in den Stempelkopf eingedrückt. — Bei Stempelköpfen für Mehrfachschnitte können

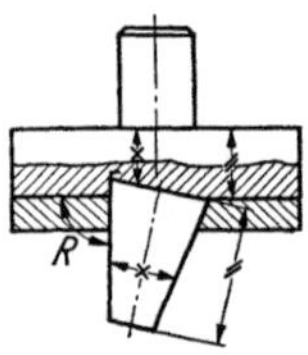

Abb. 52. Mehrere Fehler gleichzeitig an einem Stempel.

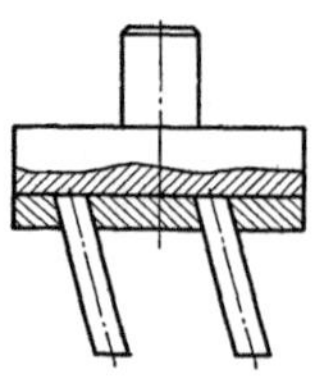
Abb. 53.

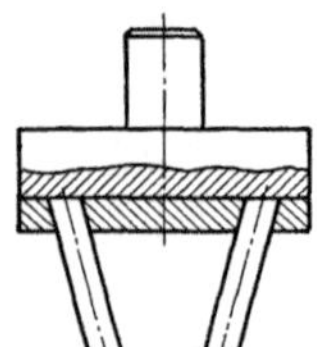
Abb. 54.

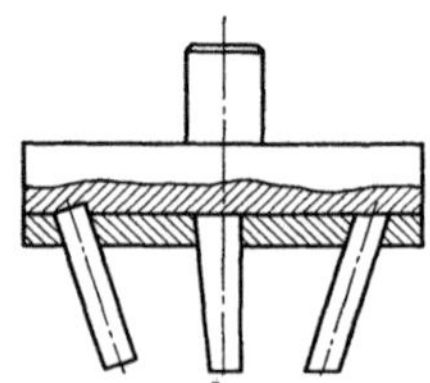

Abb. 55.

Abb. 53 ... 55. Fehlermöglichkeiten an Mehrfachschnitten.

an jedem Einzelstempel obige Fehler und alle erdenklichen Zusammenstellungsfehler vorkommen, z. B. Abb. 53: Bohrungen in der Kopfplatte sind schief, aber parallel. Abb. 54: Bohrungen in der Kopfplatte sind schief und gegeneinandergerichtet. In Abb. 55 hat sich der Stempel *a* in den Stempelkopf gedrückt, Stempel *b* verjüngt sich, die Bohrung der Kopfplatte zu Stempel *c* ist schief usw.

19. Die Herstellungsfehler an der Schnittplatte sind in folgenden Gruppen zusammenzufassen: die Mantellinien des Schleifansatzes sind nicht parallel; die Kraftübertragungsflächen laufen nicht parallel; die Achse des Durchbruchs steht nicht rechtwinklig zu den Anlageflächen (Abb. 56).

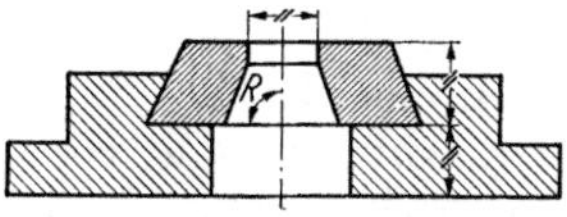

Abb. 56. Die richtig hergestellte und ausgerichtete Schnittplatte.

a) Wenn die Mantellinien des Schleifansatzes nicht parallel sind, so ist dies meist darauf zurückzuführen, daß der Durchbruch der Schnittplatte mit einem gehärteten Stempel nach Abb. 42, 44, 46 durch Aufdornen hergestellt wurde: Abb. 57 u. 58: Die Mantellinien schneiden sich, die Öffnung in der Schnittplatte nimmt dieselbe sich verjüngende Form wie der Stempel an. Die zweite Ursache für solche Fehler liegt in der Natur des Feilvorganges begründet, daß enge Einschnitte und ähnliche Formen, an die mit der Feile schlecht

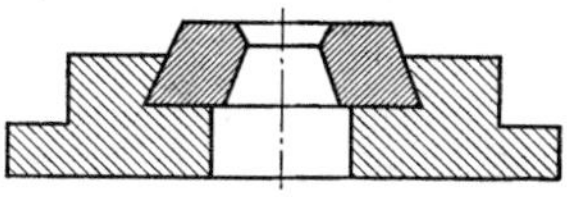

Abb. 57.

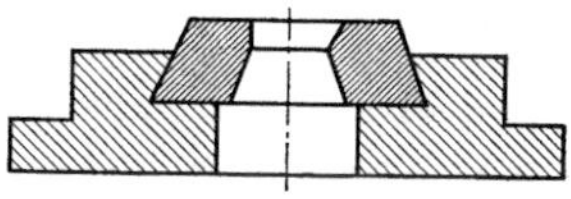

Abb. 58.

Abb. 57 u. 58. Schnittplatten mit fehlerhaften Stempeln aufgedornt.

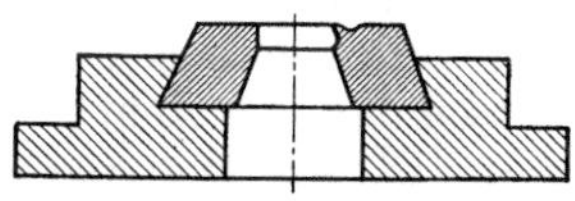

Abb. 59. Gestemmter Durchbruch in der Schnittplatte.

heranzukommen ist, mit Vorweite hergestellt werden (Abb. 40). Aus diesem Grunde teilt man unter Umständen, trotz des unter Abschn. 17 Gesagten, die Schnittplatte, um die schwierige Innenarbeit zu vermeiden (Heft 57, Abschn. 5). Ist nun einmal beim Verputzen und Saubermachen der Mantelfläche eine Vor-

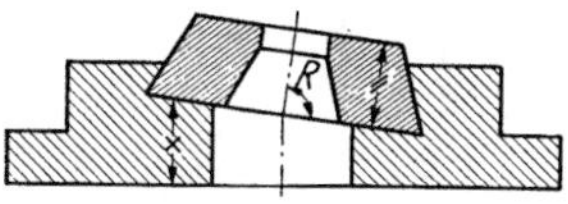

Abb. 60. Bearbeitungsfehler an der Grundplatte.

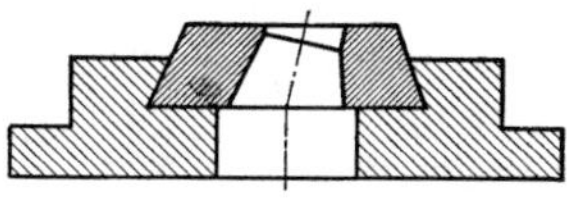

Abb. 61. Schief aufgedornte Schnittplatte.

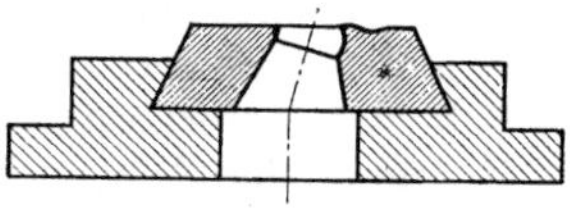

Abb. 62. Mehrere Fehler an einer Schnittplatte.

weite entstanden, so ist man geneigt, durch Stemmen und Stauchen den Fehler auszugleichen. Wie wenig das in Wirklichkeit hilft, geht aus Abb. 59 hervor.

b) Abweichungen von der Parallelität der Anlageflächen (Abb. 60) gehen meist auf schwierige Bearbeitung der Grundfläche zurück: Aufbäumen im Schraubstock, Abstumpfen und Abdrücken des Hobelstahles, Abnutzung der Schleifscheibe, ungleiche Rauhigkeit der hergestellten Fläche, Eindrücken der Schnittplatte in die Grundplatte infolge einseitiger Belastung usw.

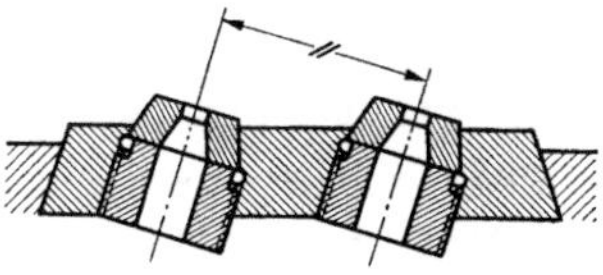

Abb. 63.

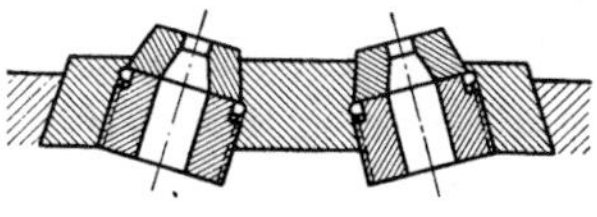

Abb. 64.

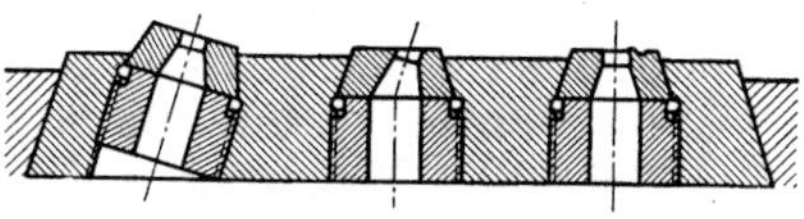

Abb. 65.

Abb. 63...65. Fehlermöglichkeiten an Mehrfachschnittplatten.

c) Aus Gründen der Kraftübertragung muß die Achse der Öffnung in der Schnittplatte rechtwinklig zur Auflagefläche stehen. Abweichungen stellen sich beim Aufdornen der Schnittplatte ein, wenn hierbei der Stempel kippt (Abb. 61).

d) Ebenso wie am Stempel können an derselben Schnittplatte auch mehrere Fehler gleichzeitig vorkommen. So hat man in Abb. 62 z. B. den Fehler des schiefen Dornens links durch Feilen, rechts durch Stemmen auszugleichen versucht. — Bei Schnittplatten für Mehrfachschnitte kann jeder einzelne Fehler an jedem einzelnen Schnittplattendurchbruch einzeln oder mit anderen zusammen auftreten. Fehler gleicher Art nach Abb. 63 entstehen, wenn beim Bohren der Tisch nicht genau rechtwinklig zum Bohrer stand, Fehler nach Abb. 64, wenn im gleichen Falle eine feste Leiste auf dem Tisch als Anschlag benutzt wurde. Abb. 65 zeigt eine Schnittplatte mit eingesetzten Schnittbüchsen, von denen die erste in einer schiefen Bohrung sitzt, die zweite schief gedornt wurde, an der dritten durch Stauchen die Mantellinien des Schleifansatzes parallel gestellt werden sollten.

20. Auswirkung der Fehler. Wie wirken sich nun diese Fehler aus, wenn Stempel und Schnittplatte zusammenarbeiten? Die Zahl der möglichen Zusammenstellungen von guten und fehlerhaften Stempeln mit fehlerhaften und guten Schnittplatten und von fehlerhaften Stempeln mit fehlerhaften Schnittplatten ist so groß, daß sie hier nicht einmal aufgezählt werden können. Hinzu kommen die vielen Möglichkeiten, die sich bei Schnittwerkzeugen mit mehreren Stempeln aus dieser Vervielfachung bei Mehrfach-, Folge- und Verbundschnitten ergeben. Als Fehlerquelle tritt als Sonderheit die Lagenungenauigkeit hinzu (s. Abschn. 2f). Bei allen diesen Fehlern sind drei grundsätzliche Fälle als Ursache zu finden:

a) Durch Herstellungsfehler wird hauptsächlich die Zusammenarbeit der Freiwinkel an Stempel (α_{St}) und an Schnittplatte (α_{Sch}) beeinflußt mit der sich daraus ergebenden Form des Spaltes zwischen den Schneiden. In das Achsensystem der Abb. 66 für die Freiwinkel sind die Fehlerformen eingezeichnet.

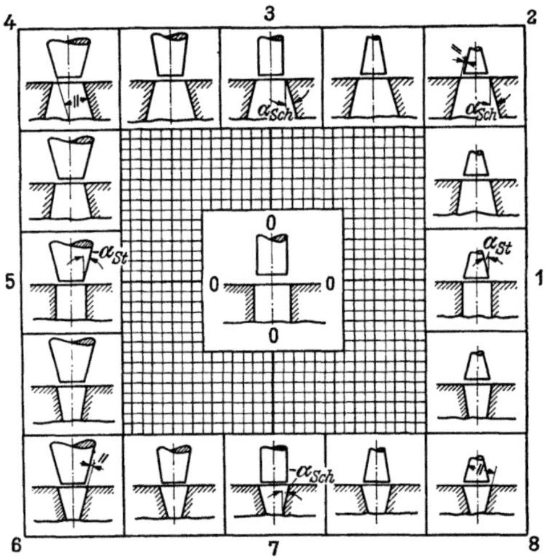

Abb. 66. Fehlergruppe: Ungewollte Freiwinkel.

Zwischen den Achsen 1 . . . 3 liegen die energiewirtschaftlichen Schnittformen, zwischen den Achsen 1 . . . 5 liegen die Fälle, die zu einer Vorweite der Schnittplatte neigen, zwischen den Achsen 3 . . . 6 liegen die Fehler, die ein Abstumpfen der Schnittplattenschneiden hervorrufen, zwischen den Achsen 5 . . . 7 sind die energieunwirtschaftlichen Schnittformen zu finden: eher Zieh- als Schnittwerkzeug, Vorweite von vornherein, der Stempel splittert, die Schnittplatte bricht aus; zwischen den Achsen 6 . . . 1 liegen die Fehler, die besonders abstumpfend auf die Stempelschneiden wirken. — Zwischen den Achsen 8 . . . 2 . . . 4 vergrößert sich mit jedem Anschliff das Spiel zwischen den Schneiden, zwischen den Achsen 4 . . . 6 . . . 8 verengert es sich, gleichen Abschliff an Stempel und Schnittplatte vorausgesetzt. Nur bei den Lösungen auf Achse 8, 0, 4 bleibt das Spiel immer gleich (s. Heft 44, Abb. 41), weil die Schneidenkanten wechselseitig parallel laufen. — Am Blech treten bei Fehlern zwischen den Achsen 1 . . .5 hauptsächlich Biegegrate auf, zwischen den Achsen 3 . . . 5 und 7 . . . 1 Ziehgrate, zwischen den Achsen 5 . . . 1 neigt das Blech zum Verziehen, wobei der Putzen sich in den Fällen zwischen den Achsen 5 . . . 7 in der Schnittplatte leicht festklemmt, zwischen den Achsen 7 . . . 1 dazu neigt, sich am Stempel festzuhängen. — Schneiden sich die Seitenkanten an Stempel und Schnittplatte unter verschiedenen Winkeln, so treten zu obigen Erscheinungen die der ungleichen Schneidenwinkel, d. h. der Stempel wird nach der Seite des größeren Freiwinkels abgelenkt. Je nach Lage im obigen Achsensystem ändert sich dazu mit jedem Anschliff der Spalt zwischen den Schneiden und ergibt die bekannten Folgeerscheinungen: am Werkzeug stellt sich einseitige Vorweite ein, am Werkstück einseitige Gratbildung.

b) Die nächste Fehlergruppe, die sich aus der Herstellung ergibt, entsteht daraus, daß die Achsen des Stempels und des Durchbruchs in der Schnittplatte sich mit der Kraftwirkungsrichtung schneiden (ähnlich Abb. 68).

c) Zu der Verdrehung der Schneiden tritt bei Einfachschnitten die Verschiebung der Achsen von Stempel und Schnittplatte gegeneinander, bei Mehrfachschnitten die Verschiebung der gleichen Achsen gegen eine feste Maßlinie (Lagengenauigkeit). (Ähnlich Abb. 67.) Für alle Fehler ist das ungleiche Spiel bezeichnend. Folgen: einseitige Vorweite am Werkzeug, einseitiger Ziehgrat am Blech. Ist das Blech gut gehalten, wird längs der Biegungs- und Abfederungslinie des Stempels gelocht, anderenfalls verschiebt sich das Blech beim Schnitt um das Maß der Mittenverschiebung von Stempel gegen Schnittplatte.

Alle Fehler lassen sich auf einen oder mehrere der unter a . . . c genannten zurückführen. Wenn nun auch in den Abbildungen die Fehler vergrößert wurden, zu vermeiden sind sie und ihre Folgen nicht. Es sei hier daran erinnert, daß selbst für eine neue Werkzeugmacher-Drehbank nach dem Prüfbuch von Schlesinger eine Kegeligdrehtoleranz von 0,01 mm auf 300 mm zugelassen wird. Bei den überaus engen Toleranzen des Schnittbaues ist das ein hoher Satz. Er läßt erkennen, vor wie großen Aufgaben die Meßtechnik im Stanzenbau noch steht, um die geschilderten Fehler so klein wie möglich zu halten und einen störungsfreien Energiedurchgang zu ermöglichen.

H. Einfluß der übrigen Werkzeugteile auf den Energiefluß.

21. Die Werkzeugführungen haben den Zweck, die Lage und Bewegung des Stempels gegen die Schnittplatte zu sichern. Sie müssen also den aus irgendeinem Grunde entstehenden Schub oder etwa vorhandene Drehmomente aufnehmen. Diese Energie muß durch die Führung eher zur Erde abgeleitet werden, als eine der in den Abschn. 15 . . . 19 geschilderten Abweichungen vom gewollten Energieweg sich für das Werkzeug schädlich auswirken kann. Hieraus folgt, daß die Führung für die Aufnahme solcher Kräfte bemessen sein und daß sie in ihrer Gestaltung und Ausführung den gestellten Genauigkeitsansprüchen genügen muß.

a) Die Belastungsfähigkeit einer Führung errechnet sich nach der Formel

$$Q = F \cdot k_p \, ,$$

worin Q die rechtwinklig zur Führung wirkende Last, F die Aufrißfläche in dieser Richtung und k_p die zulässige Flächenpressung ist. Die Länge der Führung hängt von dem Moment der Kraft in Richtung der Führung (Kraft × Hebelarm) ab. Bei Scherschrägen läßt die Gesamtlast (in diesem Fall „P“ gemäß Abb. 15, Heft 44) sich zerlegen in:

$$P = \sqrt{P_1 + P_2 + P_3}\, , \qquad P_2 = P_1 \cdot \sin\gamma \text{ (bei Abschneidern)}\, , \qquad P_3 = P_2 \cdot \sin\omega \, .$$

Ohne Scherschräge soll bei guten Werkzeugausführungen der Seitenschub (P_2) nicht größer als 5% des Preßdruckes (P_1) sein. Mit Rücksicht auf das Abstumpfen der Schneiden, Halbschnitte und sonstige Fehlschnitte ist jedoch sicherheitshalber mit 25% des Preßdruckes zu rechnen. — Die zulässige Flächenpressung richtet sich nach der Art der zusammenarbeitenden Werkstoffe, nach der Sauberkeit der

Führungsflächen und nach der Güte der Schmierung. Der Wert kann technischen Handbüchern wie dem „Taschenbuch für den Maschinenbau“ oder der „Hütte“ entnommen werden. — Längskräfte treten meist bei ungewollten Scherschrägen auf. Auf den bekannten Grundsatz der Schmalführung sei hier verwiesen (Heft 44, Abschn. 36, 2).

b) Die auftretenden Reibungskräfte sind also bedeutend und es ist erhebliche Reibungsarbeit zu leisten. Diese soll aber nicht nur ohne wesentliche Formänderungsarbeit, sondern auch ohne wesentlichen Verschleiß in den Führungen auf die Dauer abgeleitet werden. Man muß also bei Stanzwerkzeugen zu Führungen mindestens ebensogute Werkstoffe benutzen wie im Maschinenbau bei hochbelasteten Führungen üblich, muß durch saubere Bearbeitung und sachgemäße Schmierung die Reibzahl klein halten und die Führung in solche Stellung zu Quer- und Längskräften und Drehmomenten bringen, daß der Hebelarm möglichst kurz wird. Inwieweit treffen diese Forderungen auf die in Heft 57, Abschn. IV beschriebenen Führungsarten zu?

Die Plattenführung umgibt den Stempel in seiner ganzen Schnittlänge, wenn nicht das in Heft 57, Abb. 12 angegebene Verfahren angewandt wird, und ist an der Schnittplatte befestigt. Daraus ergibt sich, daß man hinsichtlich des Führungsquerschnittes an die Stanzteilform gebunden ist. Freiheit in der Gestaltung der Führung besteht nur bezüglich Stoffwahl für die Führungsplatte und teilweise bezüglich ihrer Höhe; denn da der Stempel gehärteter Stahl ist, bleibt für die Führungsplatte nur hochwertiger oder gehärteter Stahl, wenn man die Führungseigenschaften des Stempels ausnützen will. In der Dicke der Führungsplatte ist man durch die Bearbeitungsmöglichkeit bei so hoher Genauigkeit beschränkt. Je dicker die Führungsplatte, desto größer die Gefahr einer Vorweite. Die hierdurch bedingte Ungenauigkeit ist der größte Nachteil der Plattenführung, so günstig die Stellung der Führung zu den Querkräften auch ist. Es gilt hier das bei der Herstellung der Schnittplatte über die Achsenverdrehung in Abschn. 19c Gesagte in noch erhöhtem Maße.

Die Hinterführung (s. Heft 57, Abb. 93) arbeitet unter den gleichen Führungsverhältnissen wie die Plattenführung mit dem Unterschied, daß durch die Schnittplatte selbst geführt wird, und zwar nicht allseitig, sondern nur nach drei Seiten. Die Hinterführung darf also nur für solche Schnitte verwandt werden, bei denen eine Querkraft die Bewegungsfreiheit in der vierten Richtung aufhebt: Abschneider, Schnitt mit Scherschräge. Mit der Vergrößerung der Öffnung in der Schnittplatte wird diese geschwächt. Der Genauigkeitsgrad ist meist derselbe wie für den Stempel, selten größer, wie es sein sollte.

Bei der Säulenführung ist die Führung von den Schnittwerkzeugen vollständig getrennt. In der Bemessung der Führung, die meist durch zwei Säulen erfolgt, hat man also vollständige Gestaltungsfreiheit. Daher läßt sich die Führung mit den gebräuchlichen Werkstattmitteln sehr genau herstellen, wenn man dafür sorgt, daß die Verbindung zwischen Führung und Stempeln starr ist und daß die Teile zueinander so gestellt werden, daß der Hebelarm der Längs- und Querkräfte kurz wird. Eine Säulenführung entspricht in etwa einem Mehrfachschnitt, und es gilt das über die Herstellungsfehler an Stempeln und über die Lagengenauigkeit Gesagte.

Die Zylinderführung vereinigt die Vorteile der Platten- und Säulenführung in sich, ohne deren Nachteile aufweisen zu müssen. Sie ist allerdings teuer; dennoch haben die Amerikaner sie mit gutem Erfolg bis zu 500 mm Zylinderdurchmesser verwendet. Besonders geeignet ist diese Führungsform als Führungsgestell für auszuwechselnde Schnitte.

c) Die Auswirkung der bei der Herstellung der verschiedenen Führungsarten auftretenden Fehler auf die Zusammenarbeit zwischen Schneiden und Führung ist bei der Plattenführung von Schnittplatte und Stempel aus zu prüfen, weil diese Führung an der Schnittplatte befestigt ist und den Stempel führt. Die wichtigsten Fehler sind in Abb. 67 u. 68 zusammengestellt. Sie lassen sich außer auf fehlerhafte Führungsflächen, auf Verschiebung (Abb. 67) und auf Verdrehung (Abb. 68) zurückführen und sind an dem Verschleiß zu erkennen, der an der Führungsplatte auftritt. Durch die Einzeichnung der Stempelbiegungslinie (dick strichpunktiert) sind die Verschleißstellen angedeutet. Treten mehrere Fehlerarten gleichzeitig auf, so steht die Führung windschief zur Werkzeugachse. Schließlich verdient der Mehrfachschnitt noch besondere Erwähnung wegen der Schwierigkeit in der Lagengenauigkeit (Abb. 69), die in Abstandsabweichungen zum Ausdruck kommt. Die Auswirkungen sind die gleichen wie zu Abb. 67 beschrieben. Nach diesen Hinweisen leuchtet es ein, daß man dadurch, daß man das übergroße Spiel an den Führungen durch Verstemmen (Abb. 70) verkleinert, die Ursache des Fehlers nicht behebt noch eine geeignete Gleitfläche schafft. An den Stemmstellen ist die Gleitfläche gerade hoch beansprucht. Unter solchen Verhältnissen ist bei guter Stößelführung ein gut gearbeiteter Freischnitt vorzuziehen. Zweck der vorstehenden Abbildungen soll es sein, die Ursachen für das Auftreten der nicht schließenden Führung erkennen zu helfen, um dann die Fehlerursache beseitigen zu können. Abhilfe kann man schaffen durch Einsetzen von Führungsbüchsen in die Führungsplatte, die erst beim Zusammenbau eingepaßt werden, d. h. die Büchse wird außen nur vorgedreht, die Führungsplatte nur vorgebohrt, so daß eine notwendige Verschiebung durch Größerbohren ausgeglichen werden kann.

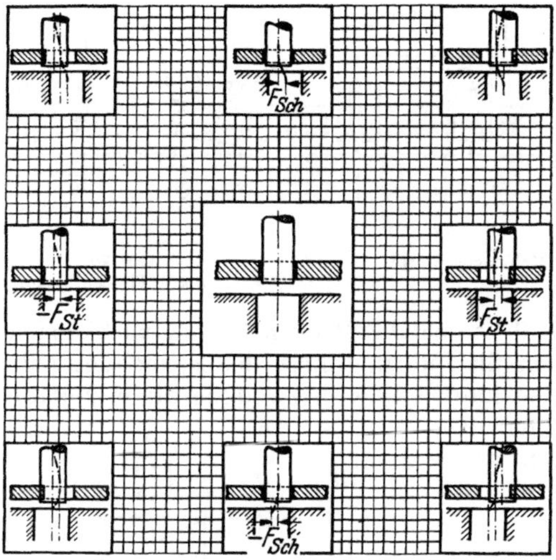

Abb. 67.
Fehlergruppe: Achsenverschiebung an Plattenführung.

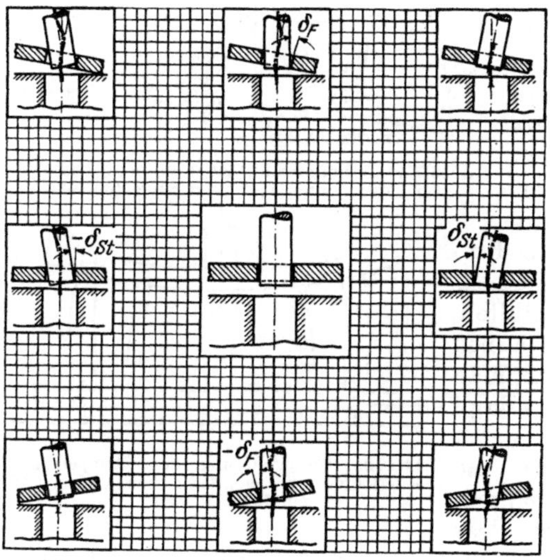

Abb. 68.
Fehlergruppe: Achsenverdrehung an Plattenführung.

Die bei den Säulenführungen auftretenden Führungsschwierigkeiten sind die gleichen wie die bei Abb. 69 erwähnten des Mehrfachschnittes. Bei säulengeführten Mehrfachschnitten liegt die Hauptschwierigkeit darin, daß schon durch die Stempel und Schnittplatten die Führung überbestimmt ist. Manche Schwierigkeit kann man umgehen, wenn man der zweiten Säule keine geschlossene Führung gibt wie der ersten, sondern nur seitliche, da sie ja nur den Zweck hat, Drehung um die erste Säule zu verhüten. So schroff wie bei der Plattenführung wirken sich diese Fehler jedoch nicht aus, weil erstens die Führung ihrer Beanspruchung entsprechend gestaltet und bemessen werden kann und weil zweitens die erzielbare Genauigkeit größer ist wegen der runden Form und der damit gegebenen leichteren Herstellbarkeit. Endlich kann das oben bei der Plattenführung als Abhilfe erwähnte Verfahren auch hier angewandt werden. Durch Verlegung der Führung von den Schneiden weg muß hier aber auf Energieübertragung ohne merkliche Formänderung zu den Führungen hin geachtet werden. Bei nach rückwärts verlegten Säulen ist besonders darauf zu achten, daß der Angriffspunkt der Kräfte mit der Achse des Stößels zusammenfällt. Die günstigste Führungsstellung ergibt sich, wenn die Schneiden genau zwischen den Säulen arbeiten. Um den Einfluß des Führungsspiels auf die Zusammenarbeit der Schneiden günstig zu gestalten, sollten die Säulen möglichst weit nach außen gerückt werden (Abb. 71). Dabei muß man darauf achten, daß dann der Stempelkopf genügend steif bleibt (Abb. 72).

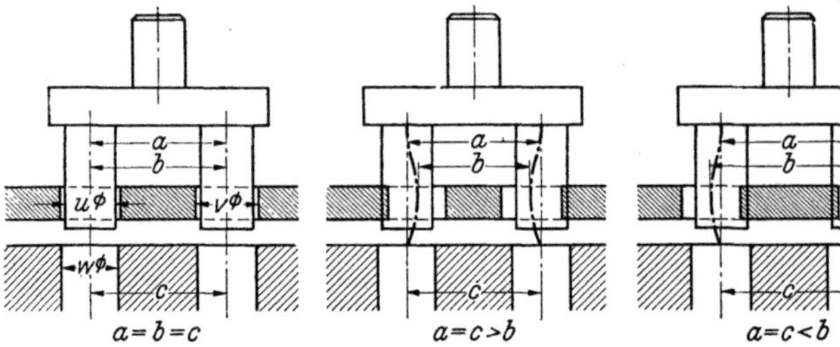

Abb. 69. Fehler an der Führungsplatte eines Mehrfachschnittes.

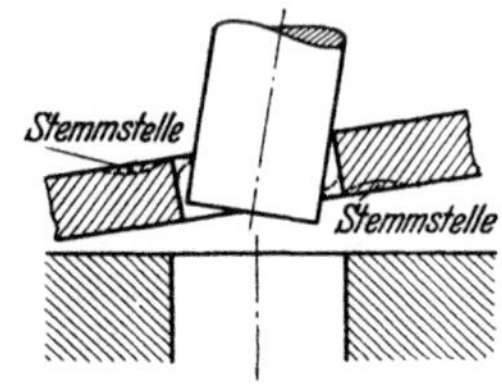

Abb. 70. Verstemmte Plattenführung.

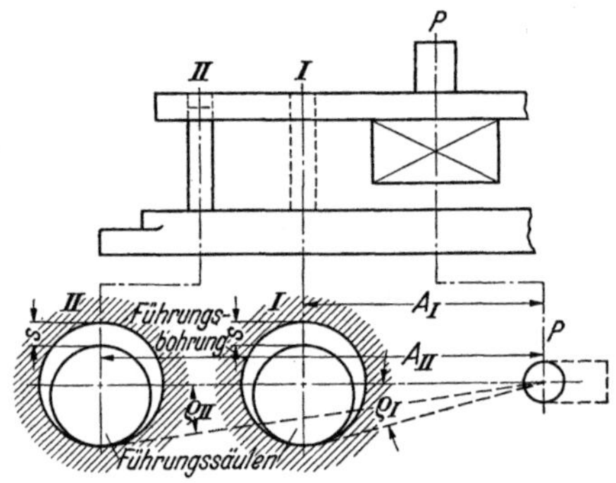

Abb. 71. Beeinflussung der Führungsgenauigkeit an Säulen durch Spiel und Säulenabstand.

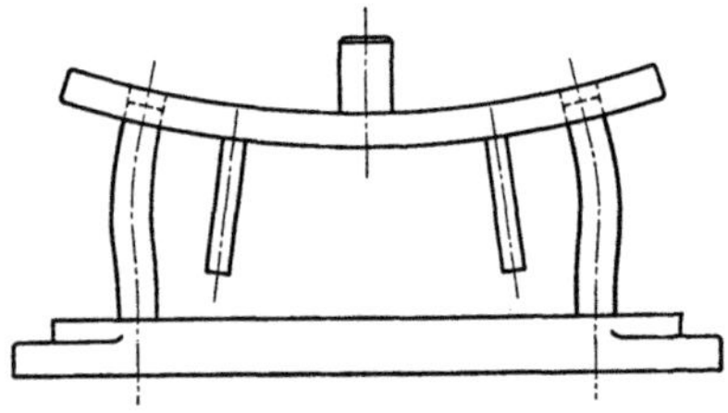
Abb. 72. Durchfederung des Stempelkopfs, Niederhalters und sonstiger beweglicher und geführter Platten.

Bei der Zylinderführung wird die Führungsfläche gleichzeitig mit der Aufnahmeansenkung für die Schnittplatte gebohrt. Das durch den größeren Durchmesser der Führung bedingte größere Spiel kann durch die Führungslänge ausgeglichen werden. Deshalb sind die bei der Zylinderführung vorkommenden Fehler auf die in Abschn. 18 beschriebenen, an den Schneiden selbst auftretenden, beschränkt. Da bei der Zylinderführung der Stempelkopf in den Stößel eingehängt ist, wird bei dieser der Energiedurchgang am einfachsten.

22. Abstreifer, Auswerfer, Niederhalter. Die Art und Weise der Beanspruchung von Abstreifern usw. ist die gleiche wie die des Stempelkopfes (bei beweglichen

Abstreifern) und die der Führungs- und Schnittplatte (bei festen Abstreifern). Dementsprechend ist sie gegebenenfalls auch zu berechnen. Nur ist die Größe der Belastung sehr ungewiß, da es sich um Reibung handelt. Man sorge also dafür, daß die Reibung des Werkstückes am Stempel so gering wie möglich ausfällt: Freiwinkel (s. Heft 44, Abschn. 6); geläppte Schneiden (Abb. 36); Schmierung des Stempels (s. Heft 57, Abb. 94 u. 95); gratfreier Schnitt. Beim Entstehen von Graten, Verbiegungen, Verziehungen (Abb. 73) sucht zuweilen der Abstreifer diese Formänderung wieder rückgängig zu machen (Abb. 74) oder in eine entgegengesetzte zu verwandeln (Abb. 75). Das ist nun nicht sein Zweck, und man vermeidet solche zusätzliche Energieaufnahme durch Ansätze (Abb. 76 u. 77). Wenn man solche Formänderungen verhindern will, benutzt man nach dem Grundsatz, daß Fehlern vorzubeugen besser ist als Fehler wieder gutzumachen, den federnden Abstreifer oder Niederhalter (s. Abb. 35). Sind die Niederhaltkräfte mit den Abstreiferkräften nicht in Übereinstimmung zu bringen, so daß die Gefahr besteht, daß die hinter dem Niederhalter mit Rücksicht auf das Abstreifen anzubringenden Federkräfte, die manchmal nur schwer gleichmäßig über die ganze Fläche zu verteilen sind, die Abstreiferplatte verbiegen, ähnlich dem Stempelkopf in Abb. 72, und ihre Führungsgenauigkeit dadurch beeinträchtigen, so läßt man durch Federn — gegebenenfalls nur durch einzelne federnde Stifte — niederhalten und streift durch feste Anschläge ab (Abb. 78).

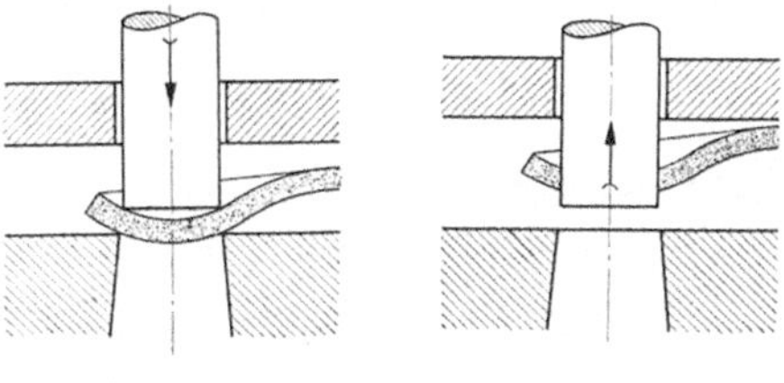

Abb. 73. Abb. 74.
Abb. 73 u. 74. Abstreifer ist kein Planierwerkzeug.

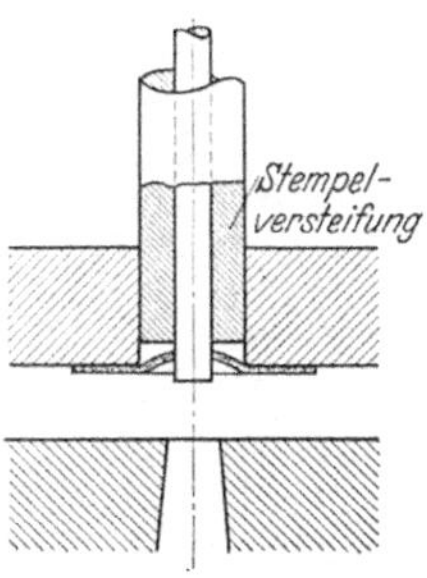

Abb. 75. Blechverbiegung an einem geführten, versteiften Stempel beim Abstreifen.

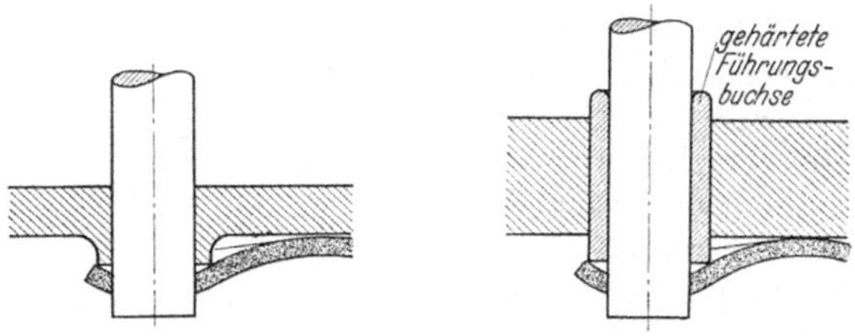

Abb. 76. Abb. 77.
Abb. 76 u. 77. Ansätze an der Abstreiferplatte verhüten ein Biegen des Blechstreifens.

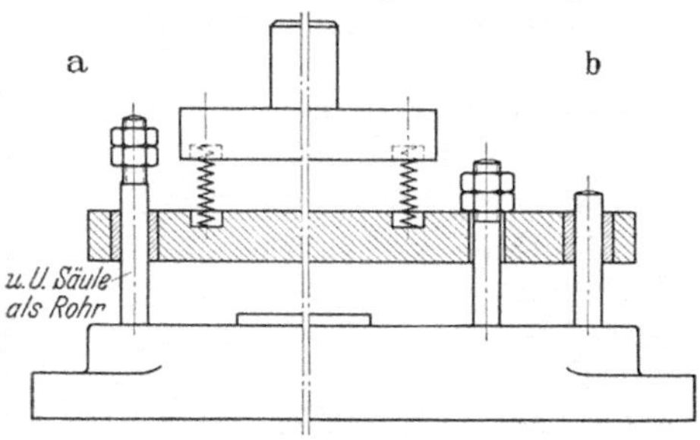

Abb. 78. Niederhalten durch Federn, Abstreifen durch Anschlag.

J. Beeinflussung des Energiedurchganges durch betriebstechnische Maßnahmen.

Es ist nicht so leicht, wie man glauben möchte, dafür zu sorgen, daß die Energie so durch das Werkzeug fließt, wie es beim Entwurf geplant war.

23. Die Presse muß dazu den Parallelitätsansprüchen des Prüfbuches von Schlesinger entsprechen. Alsdann ist zu untersuchen, ob die besonders gefährdete Tischoberfläche nicht durch Marken beschädigt, ob sie genau eben ist.

Noch wichtiger ist zu wissen, inwieweit die gemessenen Genauigkeiten auch während des Schnittes erhalten bleiben. Bei dem schlagartigen Aufsetzen des Stempels werden zunächst alle in der Druckrichtung vorhandenen Spiele im Zuge von Wellenlager—Hubbüchse—Pleuelstange zum Stößel nach der dem Druck abgewandten Seite verlegt: die Welle spannt sich, der Ständer federt auf. Solange bleibt der Stempel beinahe stehen, wie die Abweichung der Linie *b* von *a* in Abb. 79 zeigt. Erst nach Erreichen des Höchstdruckes geht der Stempel mit erhöhter Geschwindigkeit weiter und die durch die Spannung und Entlastung des Ständers entstandenen Schwingungen klingen ab. Bei C-förmigen Pressengestellen ist mit dieser Federung eine Wellenverschiebung und eine Schrägstellung der Stößelführung (Abb. 80) verbunden, die wieder eine unbeabsichtigte Scherschräge nach sich zieht. Nur langsam gehen die Lieferer der Pressen dazu über, dieses Maß in Abhängigkeit von Druck und Ausladung bekanntzugeben. Was von diesem Maß abhängt, zeigt folgender Versuch: An zwei Pressen gleicher Abmessungen und gleicher Leistung wurde bei 80 % des Höchstdruckes eine Dehnung bzw. Verdrehung ermittelt:

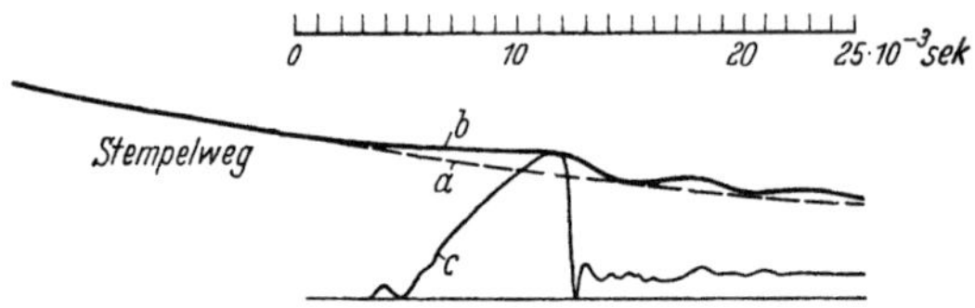

a Stempelweg bei völlig starrem Gestell; *b* Stempelweg infolge Federn des Gestells; *c* Verlauf der Schnittkraft.

Abb. 79. Auffedern des Pressengestells (Doleczaleck).

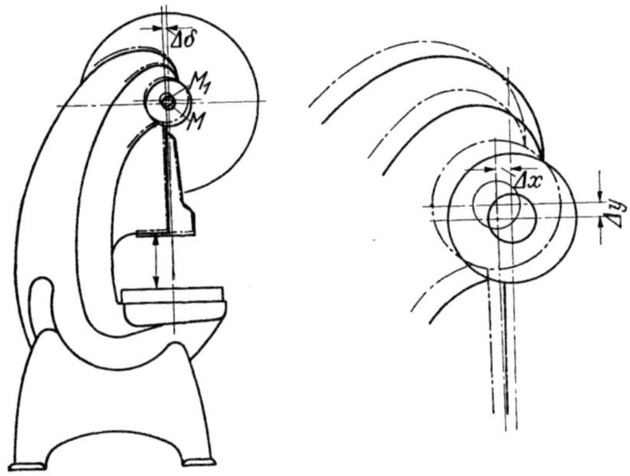

Wellenmittelpunkt verschiebt sich um Δy nach oben und Δx nach hinten; infolgedessen Schrägstellung der Führung um $\Delta\delta$.

Abb. 80. Schrägstellung der Stößelführung beim Auffedern des Pressengestells. (Aus Maschinenbau 1933 S. 582.)

Presse I: waagerecht 0,076 mm; senkrecht 0,076 mm;
„ II: „ 0,124 mm; „ 0,234 mm.

Bei gleichem Werkzeug leistete bis 0,1 mm Gratbildung die erste Presse etwa 130000 Schnitte, die zweite Presse etwa 80000 Schnitte. Als man dann beim Schleifen der Werkzeuge die Schrägstellung der Führung an der zweiten Presse berücksichtigte, erhöhte sich die Liefermenge auf etwa 125000 Stück. Von diesem Standpunkt aus auf die Vorschriften des Prüfbuches zurückschauend, darf der Tisch einer Presse mit C-förmigem Gestell nach vorn höchstens um das Federungsmaß des Ständers ansteigen. — In gleicher Weise ergibt seitliches Ausweichen des Stößels, das gewöhnlich auf die Stößelführung zurückzuführen ist, eine Scherschräge (s. Heft 44, Abschn. 36). — Auf das Blech wirkt sich die Auffederung der Presse mit nachfolgendem Entspannen dadurch aus, daß die Schnittgeschwindigkeit sich ändert. In Abb. 81 entsprechen den schwarzen und weißen Feldern gleiche Schnittzeiten. Beim Auf-

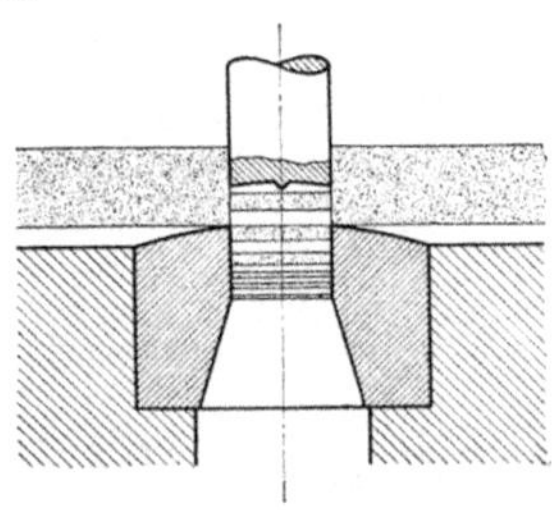

Abb. 81. Durch Auffedern des Pressengestells geänderte Geschwindigkeit.

setzen des Stempels besteht also noch die Möglichkeit einer Blechverschiebung, wenn von irgendeiner Seite hierzu Veranlassung gegeben wird.

24. Das Einrichten der Presse auf ein bestimmtes Schnittwerkzeug umschließt: Einstellen des Hubes und Einstellen des Stößelweges und gegebenenfalls des Tisches.

a) Jeder, der sich die Abb. 66 vor Augen hält, wird den Hub der Presse so einzurichten suchen, daß der Stempel in die Schnittplatte nicht eintritt. Abgesehen davon, daß die Folgen der geschilderten Fehler nicht eintreten, wird durch die Vergrößerung des Spiels zwischen Schnittplatte und Stempel — indem man in Richtung der Stempelbewegung zwischen den Schneiden Abstand wahrt, soweit es die Art des Bleches und der Arbeit zuläßt — die Reibungsarbeit herabgesetzt, die Schnitthaltigkeit gesteigert. Greifen wir nun auf die Vorgänge beim Entspannen des Pressenständers zurück: mit Entlastung des Ständers federt dieser in schneller Bewegung zurück. Hierdurch wird das Spiel im Zuge von Wellenlager—Hubbüchse—Pleuelstange zum Stößel wieder nach unten verlegt, der Stößel fällt nach, und das, was man vermeiden wollte, ist geschehen: der Stempel hat die Schnittplatte gestreift. Dieses Nachfallen verhütet man durch feste Anschläge (Abb. 82). Sind sie beim Bau des Werkzeuges nicht vorgesehen worden, kann man sich durch Vorsteckscheiben oder Auflegstücke helfen (Abb. 83).

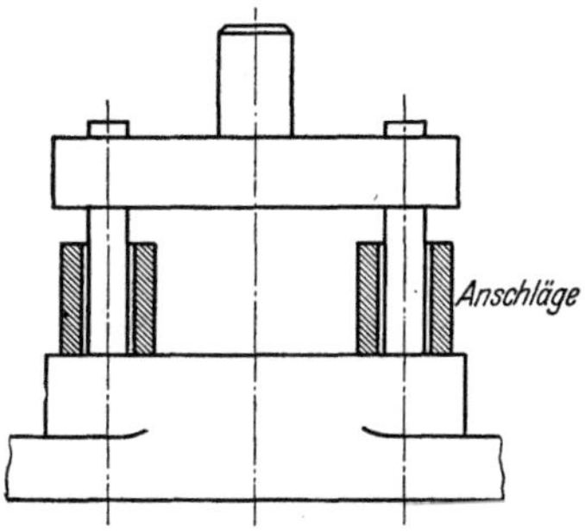

Abb. 82.

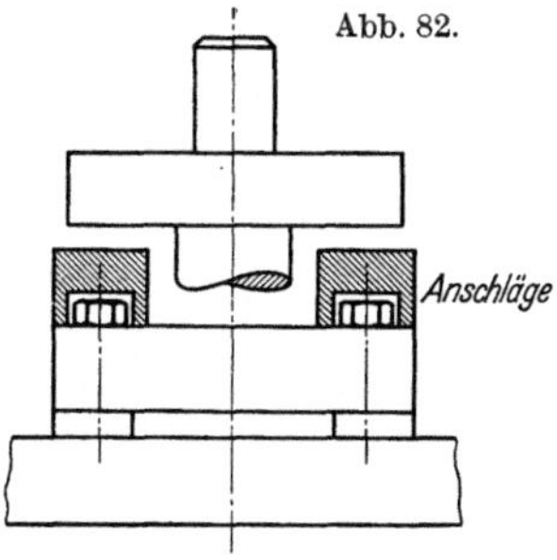

Abb. 83.

Abb. 82 u. 83. Hubbegrenzung durch Anschläge.

b) Durch Verlängern und Verkürzen der Pleuelstange stimmt man die Höhe des Werkzeugs auf die Presse ab. Es sind der Verlängerung der Pleuelstange dadurch Grenzen gezogen, daß die Knickbeanspruchung der Pleuelstange mit zunehmender Länge wächst und dadurch, daß unter Umständen der Stößel beim Hub zu weit aus seiner Führung heraustritt (s. Heft 44, Abschn. 36), dadurch federt, sich schräg stellt usw. Ähnliches tritt ein, wenn die Gegenmuttern oder andere Sicherungen an der Verstellung der Pleuelstange nach der Einstellung nicht wieder genügend fest angezogen werden. — Wo die Verstellbarkeit in der Pleuelstange nicht ausreicht, muß man die Schnittplatte unterbauen. Die Formänderung, d. i. die Durchbiegung, der Schnittplatte hängt von Stützung und Einspannung ab. Die günstigsten Bedingungen ergeben sich bei reiner Druckübertragung. Zum Höhenausgleich unterbaut man daher die Schnittplatte mit Rahmen nach Abb. 84. Untergelegte Parallelstücke ergeben die ungünstigsten Durchbiegungsverhältnisse eines ein- oder zweiseitig aufgelegten oder eingespannten Balkens (Abb. 85). — Am einfachsten gestaltet sich der Höhenausgleich bei verstellbarem Tisch. Hierbei ist zu beachten,

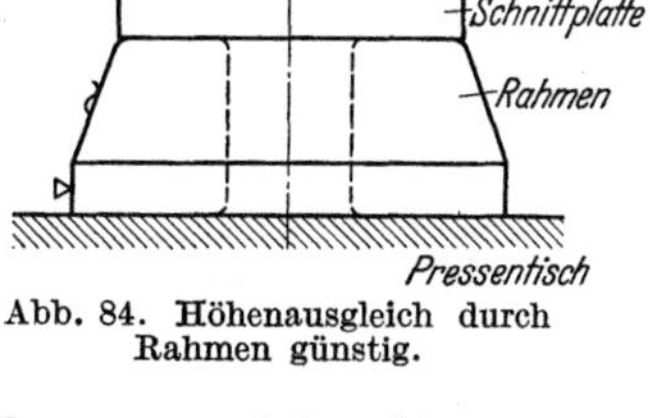

Abb. 84. Höhenausgleich durch Rahmen günstig.

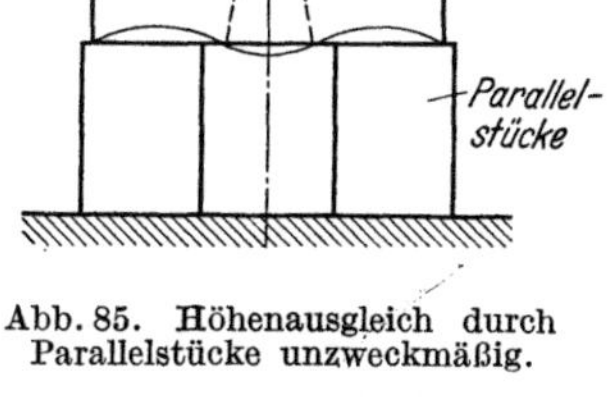

Abb. 85. Höhenausgleich durch Parallelstücke unzweckmäßig.

daß vor dem Ausrichten des Werkzeugs der Tisch festzuspannen ist. Wird dies übersehen, so entsteht eine ungewollte Scherschräge, weil der Tisch hängt. Das gleiche mit entgegengesetzter Neigung tritt ein, wenn das Werkzeug ausgerichtet und dann erst der Tisch festgespannt wird.

25. Die Befestigung des Werkzeugs. Das Werkzeugoberteil wird meist an dem Stößel festgespannt. Durch die Anfräsung am Zapfen mit davorliegender Druck-

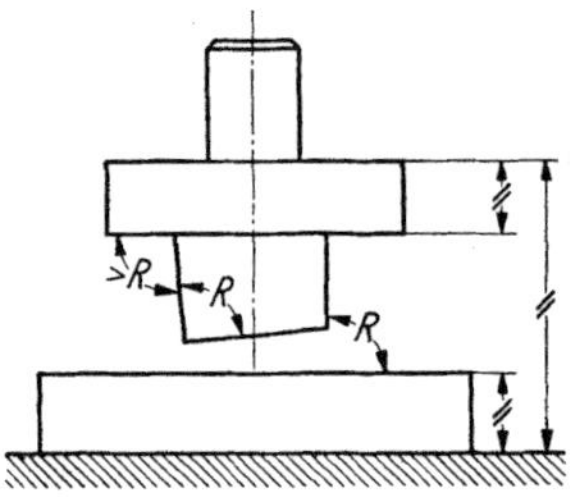

Abb. 86. Stempel nicht senkrecht zum Stempelkopf.

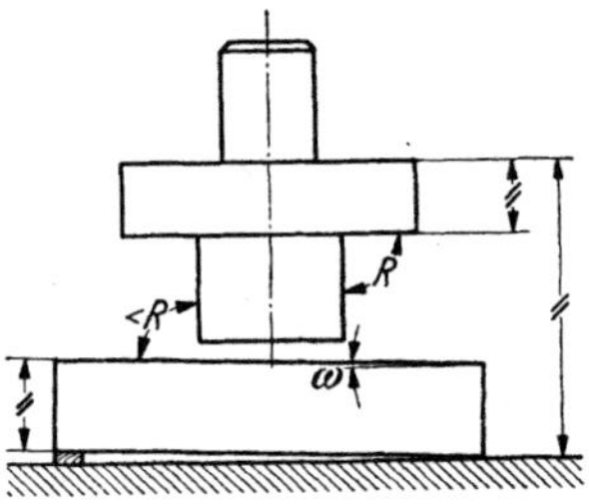

Abb. 87. Schnittplatte nicht rechtwinklig zum Stempel.

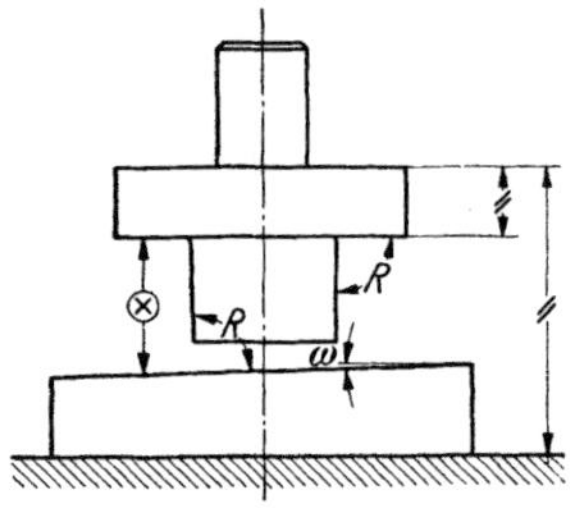

Abb. 88. Schnittplatte und Anschlagfläche des Stempels nicht parallel.

schraube nimmt das Werkzeugoberteil eine ganz bestimmte Lage ein. Hiernach richtet man die Schnittplatte aus. Verfährt man umgekehrt, so ist ein Verklemmen, namentlich bei plattengeführten Schnitten, wahrscheinlich. Nach dem Hinweis auf die Herstellungsfehler in Abschn. 18 u. 19 ist es gar nicht so leicht, die Schnittplatte nach dem Stempel fehlerfrei auszurichten. Für jeden Stempel müssen drei Prüfungen in mindestens zwei Meßebenen durchgeführt werden:

1. Steht Stempel rechtwinklig zum Stempelkopf?
2. Steht Stempel rechtwinklig zur Schnittplatte?
3. Ist Anschlagfläche des Stempels parallel zur Schnittplatte?

Sonst kann man Fehlern, wie in Abb. 86...88 gezeigt, zum Opfer fallen: es bilden sich Scherschrägen aus, Schub tritt auf. Besonders groß ist die Gefahr bei plattengeführten Schnitten, wenn die Führung bereits ausgenutzt ist. Wie Abb. 89 zeigt, kann man dann den Schnitt ausrichten wie man will und nicht soll. In solchen Fällen bleibt nur die Seidenpapierschnittprobe. Vor dem endgültigen Festspannen sollte man mit Winkel und Meßuhr mit geeigneter Einrichtung zum Parallelverschieben die Parallelen und Winkel durchmessen und den Energiebedarf beim Leerlauf ermitteln. Dann erst werden die Spannschrauben für das Werkzeugunterteil angezogen. Auch hierbei ist vorsichtig zu verfahren. Auf jeden Fall dürfen durch das Spannen keine Querkräfte entstehen (Abb. 90). Genormte Höhen der Spannleisten an den Werkzeugen, geeignete Spanneisen (s. Heft 57, Abb. 67 u. 68) unterstützen wesentlich solche Bemühungen.

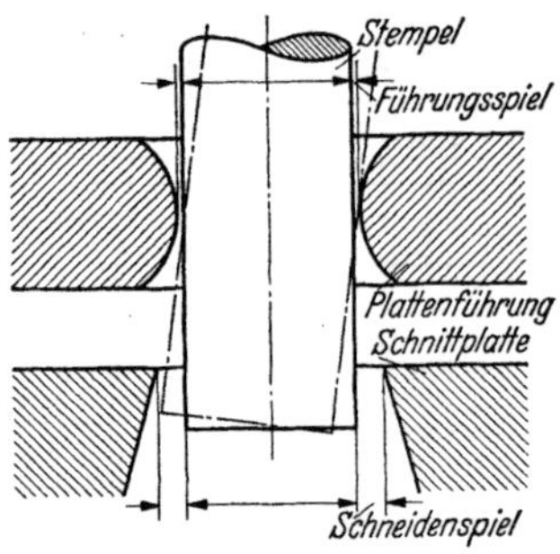

Abb. 89. Ausrichten bei abgenutzter Führung.

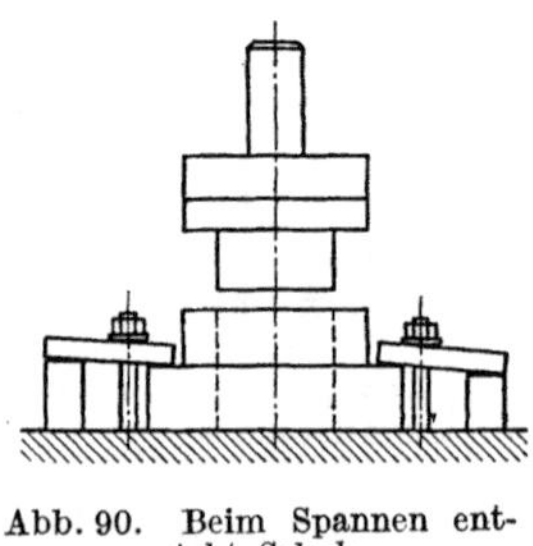

Abb. 90. Beim Spannen entsteht Schub.

Der Einrichter schließt seine Tätigkeit mit dem Versuchsschnitt ab. Damit hat sich über Presse—Stempel—Werkstück—Schnittplatte—Presse der Energiekreis des Werkzeugs geschlossen. Der Arbeitskreis des Werkstoffes ist erreicht.

III. Arbeitskreis des Werkstoffes.

K. Stoffleitung.

In der Metallbearbeitung allgemein ist die Stoffbewegung dadurch gekennzeichnet, daß an den Schneidenkanten der Stoff in Werkstück und Abfall getrennt wird. Da diese Trennung bei den spangebenden Bearbeitungsverfahren einfach und eindeutig festliegt, ist man geneigt, der Stoffleitung nur geringe Sorgfalt zu widmen: sie soll sich von selbst ergeben.

26. Die Bedeutung der Stoffleitung. Bei der Blechbearbeitung erhält die Stoffleitung durch drei Umstände besondere Bedeutung: 1. ist die Trennung zwischen Werkstück und Abfall nicht eindeutig bestimmt (Lochen oder Ausschneiden), 2. sind Abfall und Werkstück meist sperrig, 3. vervielfachen sich infolge der beim Schneiden meist üblichen Massenfertigung die unter 1. und 2. erwähnten Erscheinungen.

Man muß sorgfältig erwägen, welche Umstände im Betrieb zu Anständen Anlaß geben können. Der Stoff muß also so selbstverständlich und selbständig wie möglich geleitet und Werkstück und Abfall müssen möglichst einfach und natürlich getrennt werden, wenn angängig ohne jede Beeinflussung von außen.

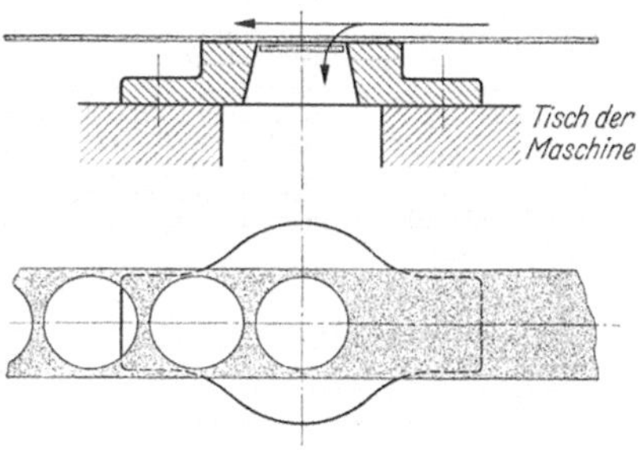

Abb. 91. Die einfachste Stoffleitung nächst dem Abschneiden.

27. Stoffleitungspläne. In Abb. 91 ist ein Stoffleitungsplan dargestellt. Von rechts nach links gleitet ein Blechstreifen durch ein Werkzeug. Das durch den Stempel ausgestoßene Blechstück fällt durch sein Gewicht nach unten. Dieser Weg ist der einfachste und günstigste. Alle anderen Möglichkeiten der Stoffleitung lassen sich aus dieser Form durch Ablenkungen ableiten. Es handelt sich also um zwei Stoffbewegungen: um die des Bleches über der Schnittplatte und um die des Blechstückes, das durch die Schnittplatte hindurchgeht oder wenigstens für die Zeit des Schneidens in sie hineintritt.

a) Für den über die Schnittplatte hinweggehenden Stoff gibt es verschiedene Bewegungs- und Ablenkungsmöglichkeiten und Zusammensetzungen aus beiden.

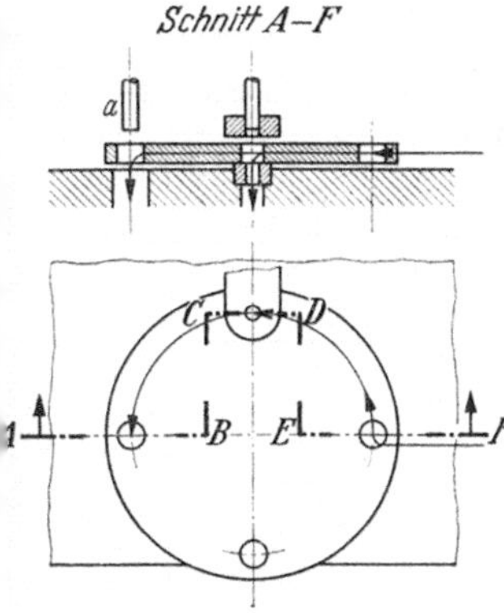

Abb. 92. Kurvengängige Stoffleitung.

Die Bewegung kann dreierlei Art sein:

1. Beim Stanzen von Einzelteilen oder bei der Bearbeitung vorgeschnittener Stücke ist die Bewegung rückläufig (Heft 57, Abb. 167, 169 u. 170, 171, 176, 177), d. h. es wandert der auf der Schnittplatte verbleibende Stoff wieder auf demselben Wege zurück, auf dem er dem Werkzeug zugeführt wurde, gleichgültig, ob dies von Hand, mit Saugern oder Schiebern geschieht. Bei dieser Art der Blechbewegung ist es nicht möglich, das Werkzeug zu laden, ehe der zuvor bearbeitete Teil abgehoben und abgelegt ist.

2. Um vorgearbeitete Teile schneller durch das Werkzeug zu leiten, benutzt man daher Vorrichtungen (Revolverteller usw.: Heft 57, Abb. 172), die die Teile nach einer festgelegten Kurve, meist kreisförmig, bewegen. Sie werden von deren Zwanglauf nach Vollendung des vorgeschriebenen Weges durch irgendein Mittel befreit. So wird in Abb. 92 durch Stift *a* des Stempelkopfes, der die Reibungs-

verbindung zwischen Fördervorrichtung und Werkteil löst, dieses nach unten befördert. Diese Stoffleitungsart steht zwischen der rückläufigen und dem Gleichlauf.

3. In Abb. 101 Heft 44 gleitet das Blech im Gleichgang über die Schnittplatte. Diese Stoffleitungsart findet man fast durchgängig bei der Verarbeitung von Streifen verwandt (Heft 57, Abb. 173). Da bei dieser Bewegungsart keine Ablenkung stattfindet, ist sie die energiewirtschaftlichste und gestattet die höchsten Vorschubgeschwindigkeiten. Sie ist so lange die zweckmäßigste, wie keine Anschläge im Wege stehen, die ein Überheben des Streifens (s. Heft 44, Abb. 99 und Heft 57, Abb. 162 u. 163) oder Betätigen einer beweglichen Bauart (Heft 57, Abb. 161) erfordern. Unter Umständen sind durch Lösungen wie in Abb. 18 die Schwierigkeiten zu umgehen, nötigenfalls durch Hinzufügen eines Streifentrenners (Heft 57, Abb. 160) zu beheben.

Wegen der Vorzüge des Gleichlaufes hat man auch für vorgearbeitete Teile solche Lösungen gesucht. Mit dem Werkzeug Heft 44, Abb. 101 werden Metall-

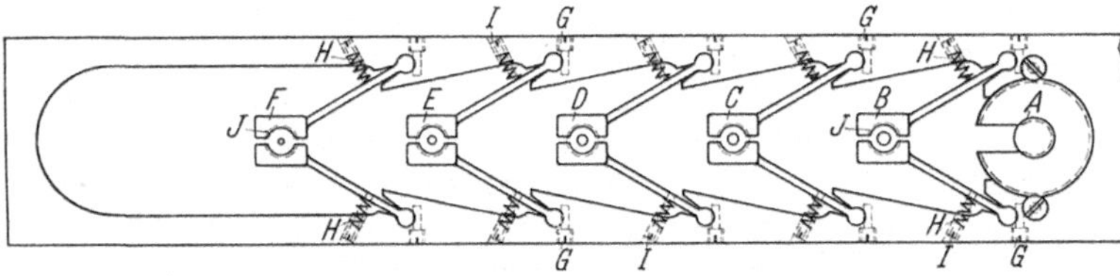

Bei A werden die Scheiben ausgeschnitten. Bei der Herbewegung des Schlittens fassen Backen B die Scheibe und schieben sie bei der Hinbewegung vor das 2. Werkzeug I. Die Form der Backen C ... F entspricht jeweils der Formgebung des Werkstückes durch den vorhergehenden Arbeitsgang J. Die Greiferteile sind federnd (H und I) angelenkt (G).

Abb. 93. Herstellung des Gleichganges durch Greifer. (Nach Sellin.)

scheiben aus Werkstoff in Bandform von etwa 1 mm Dicke für Knöpfe geringerer Güte hergestellt (Heft 44, Abb. 102). Das Band wird zwischen den Führungen *H* ins Werkzeug eingeführt. Die Stempel *B* schneiden drei Scheiben aus, die durch die Schnittplatten in Löcher des Schiebers *L* fallen, der alsdann durch die Glieder *K*, *I*, *J* unter die 3 × 4-Lochstempel *Z* geführt wird. Die Scheiben werden gelocht und vom Abstreifer *V* so hoch gehoben, daß der Schieber *L*, wenn er mit einer neuen Ladung Scheiben kommt, die fertigen Knöpfe seitlich aus dem Werkzeug schiebt.

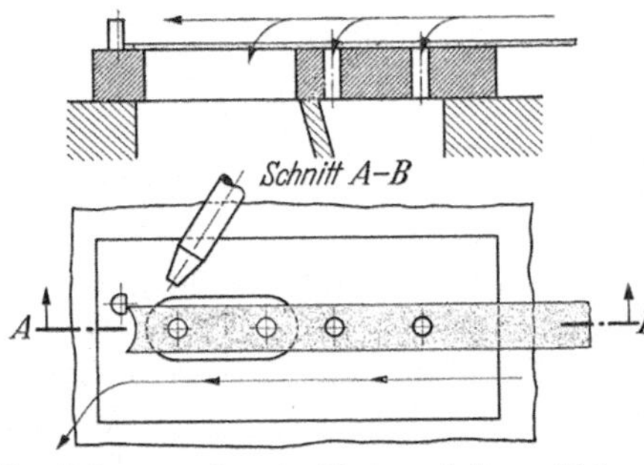

Das links vom Ausschneidestempel liegen bleibende Blechstück wird durch Preßluft entfernt.

Abb. 94. Ablenkung des Stoffes auf der Schnittplatte.

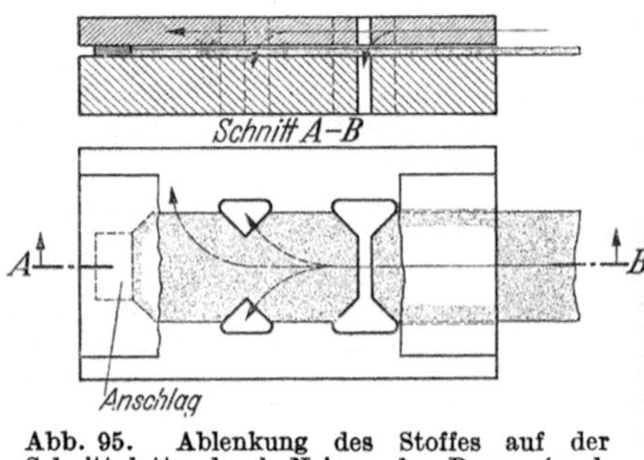

Abb. 95. Ablenkung des Stoffes auf der Schnittplatte durch Neigen der Presse (nach hinten in Pfeilrichtung).

Allgemein anwendbar ist die Stoffbewegung im Gleichgang unter Anwendung von Greifern (Abb. 93), wie sie in Stufenpressen verwandt werden.

Aus diesen drei Bewegungen: der rückläufigen, der kurvengängigen, der gleichläufigen kann der Stoff beinahe nach jeder Richtung abgelenkt werden. Einige der gebräuchlichsten seien erwähnt: Bleibt nur ein Stück des Blechstreifens auf der Schnittplatte liegen, so entfernt man dieses unter Ablenkung nach rechts oder links aus der Zufuhrrichtung von Hand, durch Federkraft oder durch Preßluft (Abb. 94). Arbeiten diese Mittel bei der Bewegung größerer Stückgewichte nicht zuverlässig, sind Anschläge im Weg, so neigt man die Presse. In Abb. 95

kann dann das hergestellte Werkteil z. B. in Richtung der Pressenneigung abgleiten. Ist Schrägstellung der Presse nicht möglich, so lenkt man den Blechrest nach unten ab (Abb. 96). Nachdem der Stempel *a* geschnitten hat, kippt der Blechrest infolge seines Gewichtes beim Hochgehen des Stempels um die Kante *b* und fällt durch die Öffnung *c* herab (s. auch Abb. 107). Wenn der Blechstreifen oder das Gitter nach dem Schneiden noch Zusammenhalt hat, kann man durch Zufügen eines Abfalltrenners zu dem gleichen Stoffleitungsplan kommen.

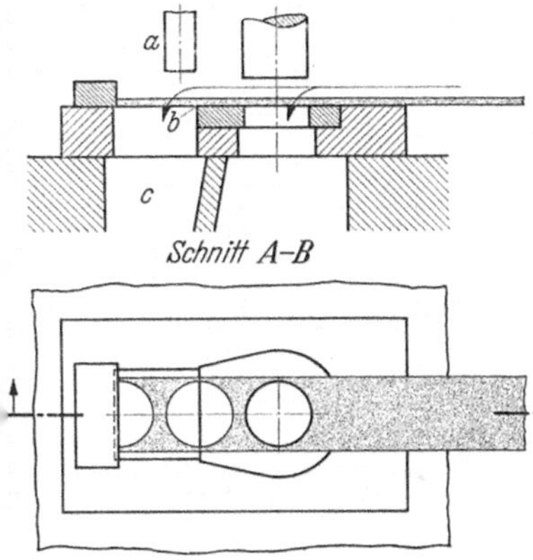

Nach dem Schneiden des Stempels *a* kippt der Abfall um *b* und fällt nach *c* ab.

Abb. 96. Ablenkung des Stoffes auf der Schnittplatte durch Abschneiden.

Diese Stoffleitungsarten können zu mehreren verschiedenen (Heft 44, Abb. 101) oder gleichen vereinigt an einem Werkzeug vorkommen (AWF 5205E).

Je verwickelter der Stoffleitungsplan, je länger der Weg, desto sorgfältiger sind die Fehlermöglichkeiten zu prüfen und die für die Ablenkung usw. notwendigen Energien abzuwägen, da das Versagen an einer Stelle das Werkzeug stillegt, wenn nicht gar beschädigt.

b) Die Bewegung des in die Schnittplatte eintretenden Stoffes ist dann am energiewirtschaftlichsten, wenn er die vom Stempel mitgegebene Bewegung beibehalten kann, d. h. wenn er durch die Schnittplatte hindurchgeht (Abb. 91).

Es gibt in der Stanztechnik jedoch Umstände, die zu einer Ablenkung nötigen. Diese ist möglich: nach vorn und hinten, nach rechts und links, selbst nach oben. Der Stofffluß läßt sich auch in die ursprüngliche Stoffbewegung über der Schnittplatte zurücklenken. Dafür einige Beispiele:

In Abb. 97 wird das durch die Schnittplatte hindurchfallende Stück nach rechts oder links abgelenkt. Angewendet wird dieses Verfahren dann, wenn der Durchlaß im Pressentisch nicht die richtige Lage zum Loch in der Schnittplatte hat. Das Erzeugnis fällt auf den Tisch und muß von Hand in waagerechter Richtung weggenommen werden. Ist der Raum zwischen Pressentisch und Stößel groß genug, so bringt man statt der Durchfallöffnung eine Schräge in der Grundplatte an. Die Grundplatte muß dann so hoch sein, wie es die Länge des vom Ausschnitt zurückzulegenden Weges und des infolge der Reibung notwendigen Gefälles verlangt. Möglichst soll diese Schräge bis dicht an eine Kante des Durchlasses im Pressentisch oder eine Kante des Pressentisches selbst gehen, damit der Ausschnitt sofort in einen Kasten abgleiten kann (Abb. 98). Wird bei einer solchen Anordnung die Grundplatte unverhältnismäßig hoch, so stellt man die Schräge dadurch her, daß man die ganze Presse

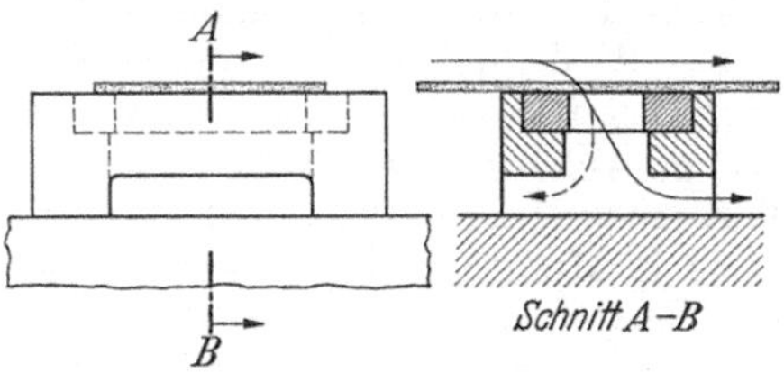

Abb. 97. Ablenkung des durch die Schnittplatte gehenden Stoffes.

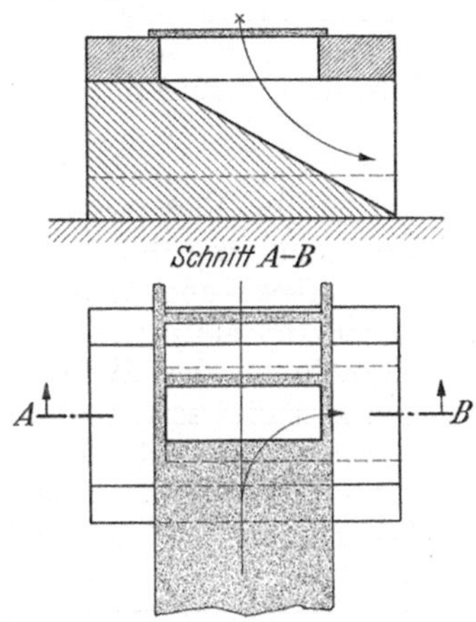

Abb 98. Ablenkung durch Schräge.

hintüber neigt. — In Abb. 99 sind zwei verschieden geartete Ablenkungen zu erkennen: Teil 1 wird durch Stempel *a* und Schnittplatte *b* erzeugt und dann wieder in den Blechstreifen eingedrückt; es wandert also in der Stoffzufuhrrichtung weiter. Gleichzeitig ist aber auch Teil 2 aus Teil 1 durch Stempel *c* und Schnittplatte *d* ausgeschnitten worden. Teil 2 wandert durch den Stempelkopf unter zweimaliger Umlenkung ins Freie, wobei darauf geachtet werden muß, daß es nicht wieder zwischen die Schneiden geraten kann. Man erreicht dies am einfachsten durch Schrägstellen der Presse. Die Stoffleitung wie bei Teil 1 wendet man hauptsächlich bei sehr genauen und schwierigen Schnitten an. Bei solchen schiebt man das ausgeschnittene Stück nicht gern durch die Schnittplatte wegen der damit verbundenen Gefahr des Verbiegens. Sicherer ist, es im Blechstreifen zu befördern; ein kleiner Stoß oder Schlag auf diesen Streifen genügt, um es zu gegebener Zeit wieder vom Streifen zu trennen.

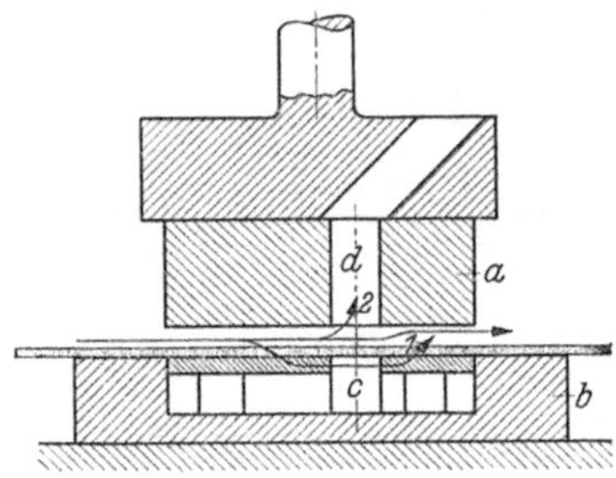

Abb. 99. Vereinigung mehrerer Stoffleitungsarten des in die Schnittplatte eintretenden Blechs.

Das unter 27a über die Bewegungsmöglichkeiten Gesagte gilt auch für die Ablenkungen. Sie können in demselben Werkzeug nebeneinander auftreten, ebenso kann das gleiche Ablenkungsverfahren wiederholt angewendet werden. Es ist dann für geeignete Trennung der ausgeschnittenen Teile zu sorgen.

c) An dem Arbeitskreis des Werkstoffes gemessen, treten die übrigen Stoffleitungen weit an Bedeutung zurück. Dennoch dürfen sie nicht vernachlässigt werden. Das Öl z. B., das seinen Zweck als Schmiermittel erfüllt hat, soll nicht Zunder, Splitter u. dgl. befördern. Splitter dürfen sich nicht zwischen Schnittplatte und Auswerfer usw. klemmen, sondern man muß ihnen Gelegenheit geben, vorher ausweichen zu können (s. Abb. 21). Wo mit federnden Auswerfern gearbeitet wird, muß auch der Weg der Luft bedacht werden. Hier mögen diese Hinweise genügen.

L. Der Energiekreis des Werkstoffes.

28. Die Eigenarten dieses Energiekreises liegen in dem scharfen Bewegungsrhythmus und den kurzen Schaltzeiten.

a) Bewegungsrhythmus. Ohne Rücksicht darauf, ob die Energiequelle menschlicher oder motorischer Art ist, folgen sich die Arbeitsgänge in nachstehender Reihe: Aufnehmen des Werkstückes, Heranbringen des Werkstückes, Zuordnung des Werkstückes zum Werkzeug, Festhalten beim Schnitt, Fassen von Werkstück und Abfall, Herausschaffen beider aus dem Werkzeug, Ableitung der Teile.

b) Alle diese Arbeitsgänge müssen im Verlauf eines Hubes ausgeführt werden. Wenn man bedenkt, daß heute bis zu 400 Hübe je Minute verlangt werden, so versteht es sich von selbst, daß dies besondere Getriebearten bedingt, die solch hohe Beschleunigungs- und Abbremsarbeiten zu leisten vermögen. Es ergeben sich außerordentlich hohe Ansprüche an Gelenke und Führungen auch dann, wenn die Durchschnittshöhe des Energieflusses im Stoffkreis die des Werkzeugenergiekreises nicht erreicht.

29. Vermeidung von Energieverlusten. a) Die Mannigfaltigkeit der Stoffwege zusammen mit der vielseitigen Ausführungsmöglichkeit der Getriebe vom einfachen Handbetrieb bis zum Automaten mit allen dazwischenliegenden Möglichkeiten machen es unmöglich, hier auf Fragen der Gestaltung einzugehen. Dies kann um so eher unterbleiben, als die Gestaltung von Vorschubgetrieben nur selten eine

Frage des Werkzeugbaues, sondern meistens eine des Maschinenbaues ist. Betriebstechnisch zwingt die unterbrochene Arbeitsweise mit der hohen Beanspruchung von Befestigungen, Lagern und Gelenken dazu, diese Teile sehr häufig und gründlich auf ihr Spiel zu prüfen, Verbindungen auf ihren Sitz usw. Denn sich hieraus ergebende Ungenauigkeiten: toter Gang, gelockerte Verbindungen und sonstige Wegverluste führen nicht nur zu unnötigem Energieverlust, sondern es kann der Fall eintreten, daß die Arbeitskreise von Werkzeug und Stoff gegeneinander arbeiten, daß Energie von einem Kreis in den anderen übertritt, also gewissermaßen ein Kurzschluß zwischen zwei Kreisen mechanischer Energie entsteht, der dann meist zum Bruch irgendeines Werkzeugteiles führt. Vielfach finden sich in den Vorschubvorrichtungen Energiespeicher in Form von Federn. Sowie man ein Nachlassen des Speicherungsvermögens feststellt, sollte die Feder ausgewechselt werden. Auf diese Auswechslungsmöglichkeit muß schon bei der Konstruktion Rücksicht genommen werden.

b) Soweit Einzelteile des Stoffleitungskreises zum Werkzeug gehören, handelt es sich hauptsächlich um Führungen und Anschläge. Für die Führungen ergeben sich folgende Forderungen: Als selbstverständlich ist vorausgesetzt, daß sie sich in der richtigen Lage zu den Werkzeugschneiden befinden, so daß sie ihren Zweck überhaupt erfüllen können. Die Führungen selbst dürfen nicht zu eng sein, weder in der Höhen- noch in der Seitenrichtung. Sonst kann es eintreten, daß Streifen, die nicht genau maßhaltig geschnitten sind, sich festklemmen, daß Streifen mit sich während des Schnittes herausbildenden Verbiegungen und Graten in Öffnungen und an vorspringenden Teilen sich festhaken (Heft 44, Abb. 17b). Je dicker das bearbeitete Blech, desto größer ist die Neigung des Gitters, sich an der Schnittstelle zu verbreitern oder bei unsymmetrischer Belastung sich zu verbiegen (Heft 44, Abb. 20b). Ähnliche Klemmungen treten ein, wenn die Führungen nicht gleichmäßig breit oder hoch sind. Bei zuviel Spiel verfehlen die Führungen ihren Zweck und hindern mehr als sie nützen. Zu prüfen ist ferner, ob die Führungsebene mit der Schnittplattenebene zusammenfällt oder, bei Anwendung von Zuschärfungswinkeln an der Schnittplatte, zu dieser parallel ist, weil andernfalls an der Stelle *a* der Abb. 100 vor dem Schneiden ein Ziehen stattfindet. Bei *b* ergeben sich dann anschließend die schon oben geschilderten Schwierigkeiten der Führungsverengung.

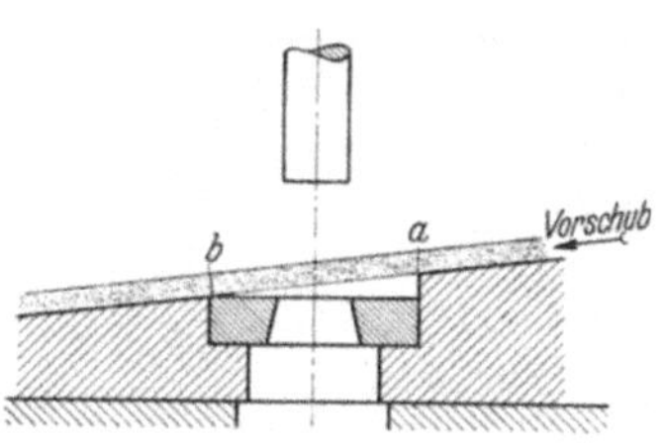

Abb. 100. Fehlerhafte Lage der Streifenführung.

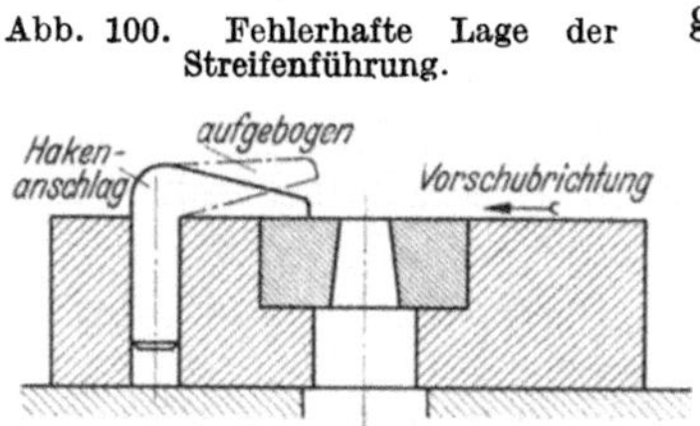

Abb. 101. Verbogener Hakenanschlag.

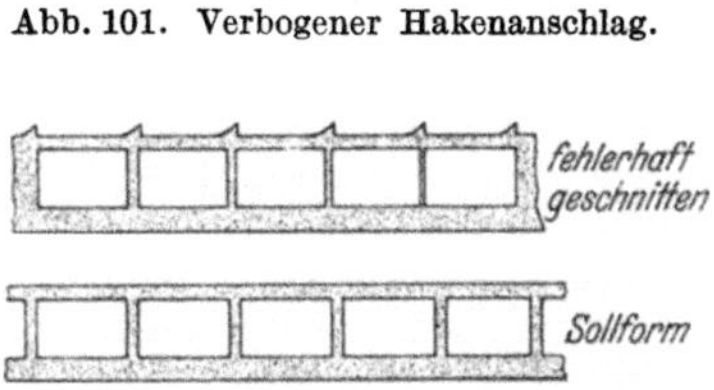

Abb. 102. Seitenschneider mit fehlerhafter Anschlaglänge. Ähnliche Erscheinung tritt ein, wenn Seitenschneider und Vorschubrichtung nicht genau fluchten.

c) In noch höherem Maße sind die Anschläge dem Verschleiß unterworfen (Heft 44, Abb. 20b). Sie bedürfen daher sorgfältiger Überwachung. Hakenanschläge verbiegen sich leicht im Laufe des Betriebes (Abb. 101). Als zwischen Anschlag und Führung stehend ist der Seitenschneider besonders sorgfältig zu prüfen: er muß genau mit der Führungsrichtung fluchten, sonst erzeugt er keine glatte Begrenzung, sondern eine Zahnstange (Abb. 102). Er muß genaues Vorschubmaß haben, sonst werden fehlerhafte Teile hergestellt. Schon mit Rücksicht auf das Schleifen sollte man Seitenschneider nicht mit Anschlag ausführen, wenn die Herstellung auch billig erscheint, sondern den Anschlag für sich einpassen (Abb. 103). Ein Seitenschneider mit Anschlag (Abb. 104), in einen Stempelkopf mit anderen Stempeln zusammen einzubauen, ist schwer zu härten und schwierig genau zu schleifen. Allzu leicht kommt man zu Anschlagformen wie in Abb. 105. Im Fall a klemmt sich der Streifen leicht ein, im Fall b wird der Vorschub zu kurz, weil die Hohlkehle den Streifen zurückschiebt. Der Streifen sieht nach dem Schnitt so aus, wie ihn Abb. 102 oben zeigt. Der sorgfältige Einbau eines einfachen kräftigen Anschlages nach Abb. 103 beseitigt diese Fehler. Allerdings ist man damit noch nicht unbedingt gegen Fehler im Vorschubmaß gesichert; denn bei sehr schmalen Stoffzugaben für den Seitenschneider ergibt sich ähnlich wie in Abb. 105 b ein Rückschieben des Streifens. Diese Bewegungsmöglichkeit kann man dadurch verriegeln, daß man die Anschnittseite verbreitert und durch eine Gegenschneide (Abb. 106) einer Bewegungsneigung begegnet. Stellt man Schneide und Gegenschneide bei einfachem Seitenschneider unter einem Winkel gegeneinander, so schiebt sich bei eintretender Bewegung der Streifen gegen die feste Führung. Noch günstiger ist es, wenn man diesen Zahnschnitt zur Formgebung heranziehen kann (s. Abb. 30).

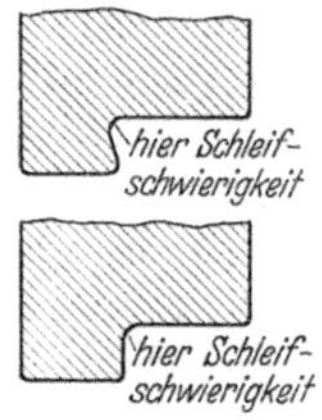

Abb. 105.

Abb. 104 u. 105. Seitenschneider und Anschlag sind ein Stück.

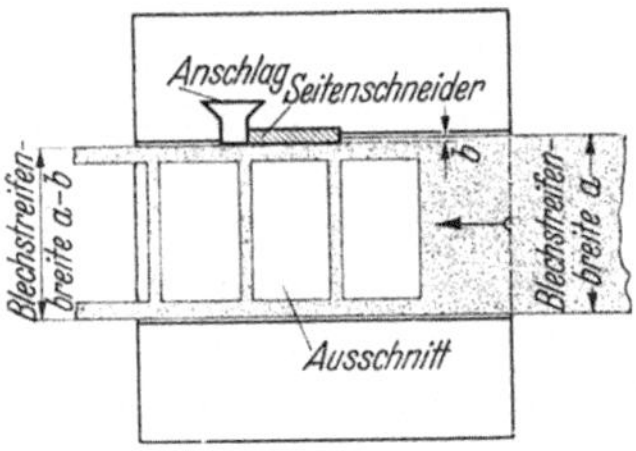

Abb. 103. Richtig gestalteter Seitenschneider mit Anschlag.

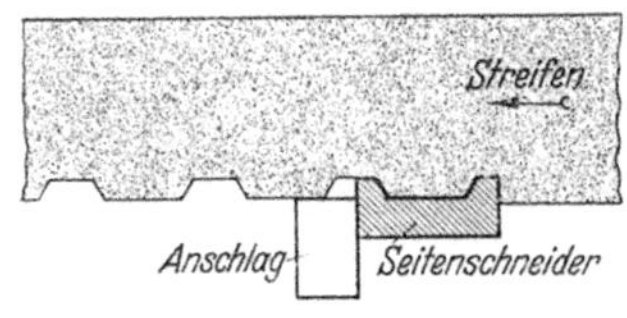

Abb. 106. Gezahnter Seitenschneider zur Bewegungsverriegelung.

Überall wo in der Stoffleitung Paßstellen vorkommen, wie Anschläge zusammen mit Führungen solche bilden, ist darauf zu achten, daß diese Stellen sich durch Klemmen, Schrägstellen, Stauchen des Werkstoffes oder durch Verbiegungen nicht verstopfen können. Erscheinungen dieser Art würden in kurzer Zeit zu einer Betriebsstörung führen.

M. Mechanischer Kurzschluß.

30. Vorkommen. Dieser Kurzschluß tritt dann ein, wenn durch eine Betriebsstörung, wie sie oben erwähnt ist, Energie aus dem Arbeitskreis des Werkzeugs und des Werkstoffs herüber- und hinübertritt. Solche Fälle treten bei Scherschrägen, fehlerhaftem End- und Anschneiden (Halbschnitten), bei unzweckmäßigen Seitenschneidern und ganz allgemein bei Abschneidern gern ein, wenn mit mehreren Stempeln gleichzeitig gearbeitet wird. Das Beispiel Abb. 107 zeigt, daß solche Betriebsstörungen auch außerhalb der Zone der größten Kraftäußerung eintreten können, und lehrt, daß man beim Entwurf eines Schnittes nicht nur diese Zone, sondern jeweils die beiden Arbeitskreise vollständig untersuchen muß. Abhilfe schafft man am einfachsten durch Festhalter.

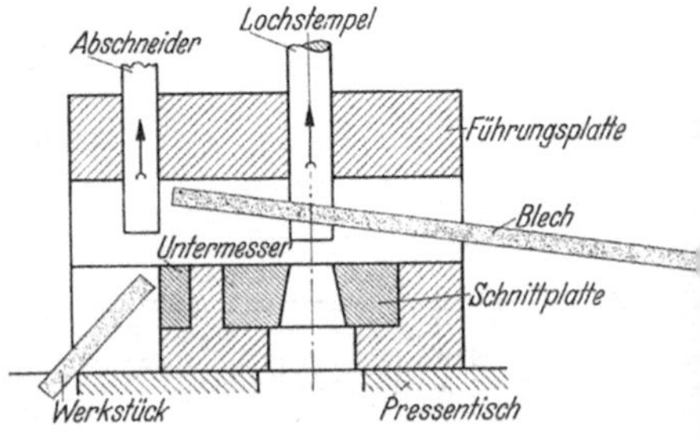

Abb. 107. Stempelbruch durch Aufkippen des Bleches.

31. Unfallverhütung. Besonders wichtig sind solche Untersuchungen der Arbeitskreise auch deshalb, weil viele Unfälle auf Betriebsstörungen zurückgehen. Größte Gefahr bei mechanischen Kurzschlüssen besteht dann, wenn der Vorschubapparat die menschliche Hand ist. Vorbeugungsmaßnahmen in Form von Vorrichtungen usw. sind in Heft 44, Abschn. 45 beschrieben. Soweit der Werkzeugbau an sich in Betracht kommt, ist zu unterscheiden zwischen der Gefährdung des Einstellers und des Maschinenführers. Für den Einsteller ist es von Wichtigkeit, daß er bei allen während seiner Tätigkeit notwendigen Handgriffen seine Glieder nicht zwischen die Teile des Werkzeugs bringen muß, die ihm für den Fall eines ungewollten Maschinenhubes gefährlich werden können. Zu erreichen ist dies dadurch, daß alle Stell- und Spannschrauben usw. waagerecht nach außen gehen.

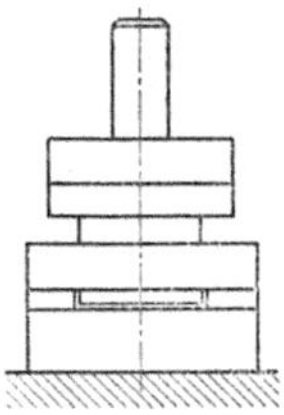

Abb. 108. Schnittkasten ohne Grundplatte.

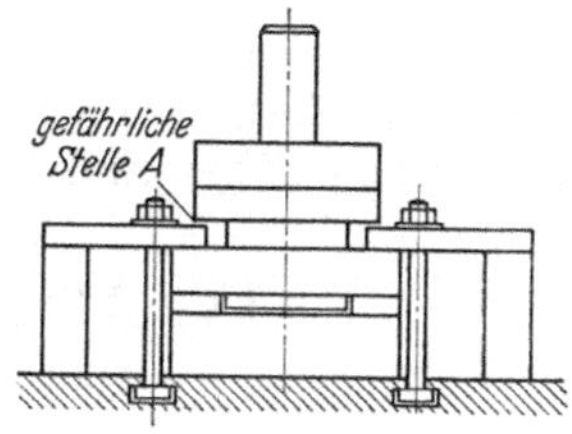

Abb. 109.

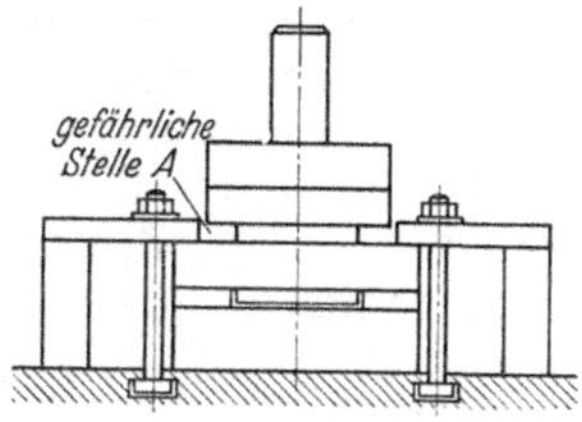

Abb. 110.

Abb. 109 u. 110. Ungünstiges Festspannen des Schnittkastens. Stelle *A* unfallgefährlich.

Für den Maschinenführer besteht eigentlich Gefahr erst dann, wenn er durch irgendeinen Mangel an Werkzeug und Werkstück veranlaßt wird, den Schaden während des Ganges der Maschine zu beheben. Die beste Art der Unfallverhütung ist ein einwandfrei arbeitendes Werkzeug, das so in die Presse eingebaut ist, daß der Werkstoff bequem von derjenigen Stelle aus zugeführt werden kann, die die Maschinenkonstruktion dem Maschinenführer als Standort vorschreibt. Darüber hinaus ist es ein gutes Unfallverhütungsmittel, die arbeitenden Schneiden abzusperren, sei es durch besondere Gitter, sei es durch Stoff- oder Werkzeugführungen, sei es dadurch, daß man, wo angängig, den Hub so klein macht, daß man mit den Fingern nicht zwischen die Schneiden gelangen kann.

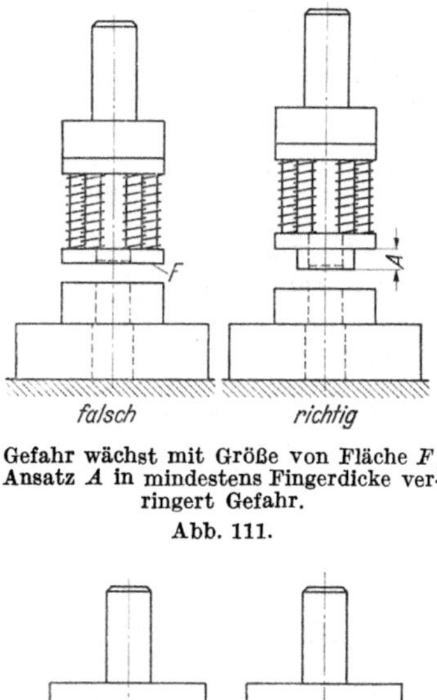

Gefahr wächst mit Größe von Fläche *F*; Ansatz *A* in mindestens Fingerdicke verringert Gefahr.

Abb. 111.

Schwieriger als der unmittelbare Kurzschluß ist der mittelbare zu verhüten. Der vom AWF genormte Schnittkasten ohne Grundplatte (Abb. 108) ist nicht immer gefahrlos zu befestigen. In Abb. 109 liegen die Spanneisen derart weit auf dem Schnittkasten auf, daß ihre Enden sich unter den Kanten des Stempelkopfes befinden. Bei *A* entsteht eine gefährliche Stelle. In Abb. 110 reichen die Enden der Spanneisen bis an die Seitenflächen des Stempelkopfes. Die Kanten bilden bei *A* gewissermaßen ein zweites Schnittwerkzeug. Ähnlich liegen die Verhältnisse bei federnden Abstreifern (Abb. 111). Die Unterfläche soll so klein wie angängig sein, damit der Weg der Hand, des Fingers, zwischen den gefahrbringenden Teilen so kurz wie möglich wird (Abb. 112).

Durch Abschrägen der Flächen *A* und *B* wird Gefahrenzone verkleinert.

Abb. 112.

Abb. 111 u. 112. Griffwege in Gefahrenzone so kurz wie möglich halten.

32. Versuche. Mit diesen Hinweisen ist zur Genüge erwiesen, wie wichtig es ist, schon beim Entwurf des Arbeitskreises für den Stoff und für das Werkzeug jede Störungsmöglichkeit zu prüfen und zu vermeiden. Auch dann bleiben noch Fragen genug offen, auf die nur der Versuch antworten kann (Reibungs- und Massenkräfte). Bei schnellem Ablauf der Vorgänge kann das Auge nicht folgen. In solchen Fällen nimmt man einen Filmapparat (mit Schmalfilm) zu Hilfe.

IV. Wirtschaftlichkeit im Stoffaufwand.

N. Ausnutzung des Werkstoffes als Fläche.

33. Stoffverlust beim Schneiden. Je mehr Stanzteile herzustellen sind, je wertvoller der verarbeitete Werkstoff ist, desto wichtiger und erfolgversprechender ist die Nachprüfung des Grades der Blechausnutzung. Beim Aufschneiden eines Blechstückes ergibt sich das Bild Abb. 113. *a* ist der Werkstoffverbrauch für das Stanzteil selbst, der sich nach der Größe und Form der vom Stanzteil umschlossenen Werkstoffmenge richtet. Dazu kommen — fast unvermeidliche — Verschnittverluste, deren verschiedene Arten in Abb. 113 durch die Buchstaben *b*, *c*, *d* gekennzeichnet sind. Der Stoffverlust *b* ergibt sich aus der Plattenform des Rohstoffes an sich; die Verluste c_1 und c_2 haben den Schnittvorgang selbst als Ursache, d_1 und d_2 sind auf die Begrenzung des Rohstoffes in Länge und Breite zurückzuführen.

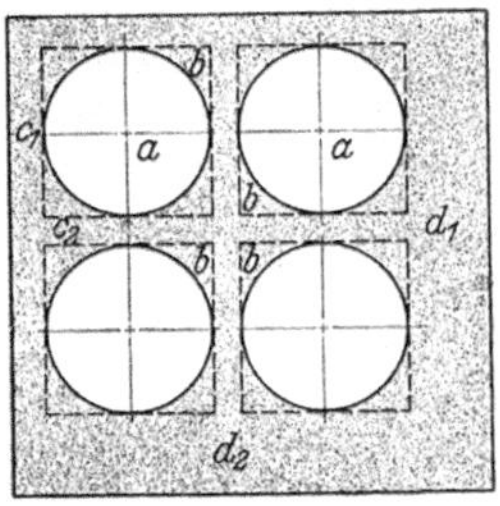

Abb. 113. Die verschiedenen Stoffverluste.

34. Herabsetzung des Stoffverlustes a) durch geeignete Formgebung des Stanzteils. Ein Hebel hatte, in Rotguß hergestellt, eine Form nach Abb. 114. Diese

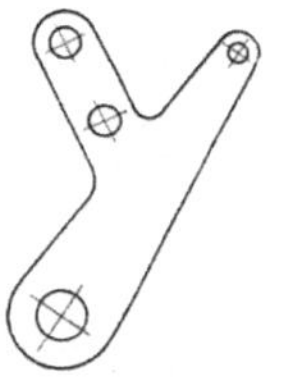

Abb. 114. Gußform eines mehrarmigen Hebels.

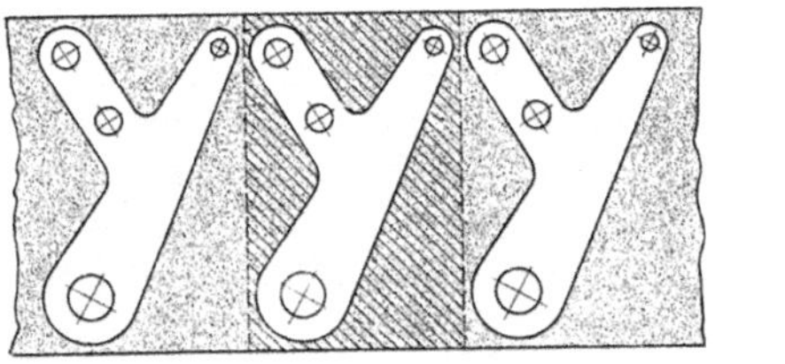

Abb. 115. Stoffverlust beim Stanzen solcher Formen.

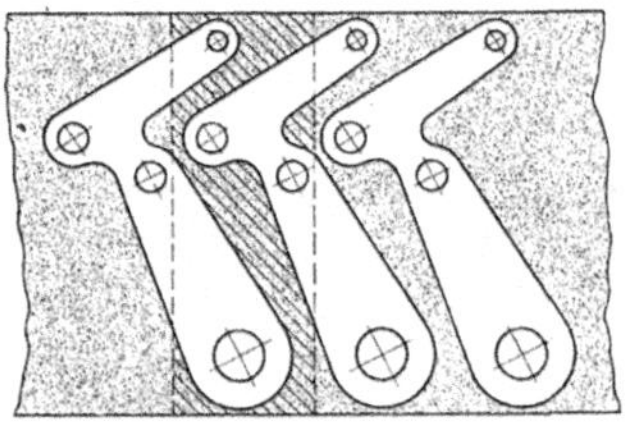

Abb. 116. Stanztechnisch bearbeitete Form.

Formgebung ist für die Stanztechnik nicht zweckmäßig, weil der Blechstreifen zu wenig ausgenützt würde (Abb. 115). Eine einfache Änderung der Form unter Wahrung der Paßmaße stellt die gröbste Stoffverschwendung ab (Abb. 116). Hätte man die Herstellungsweise durch Schneiden schon bei der Konstruktion berücksichtigt, so hätte durch Verschieben nur einer Paßstelle ein noch günstigeres Bild entstehen können (Abb. 117). — Die Hebelform *a* in Abb. 118 ist ebenfalls der Gießtechnik entlehnt; in *b* ist die richtige Stanzform gegenübergestellt.

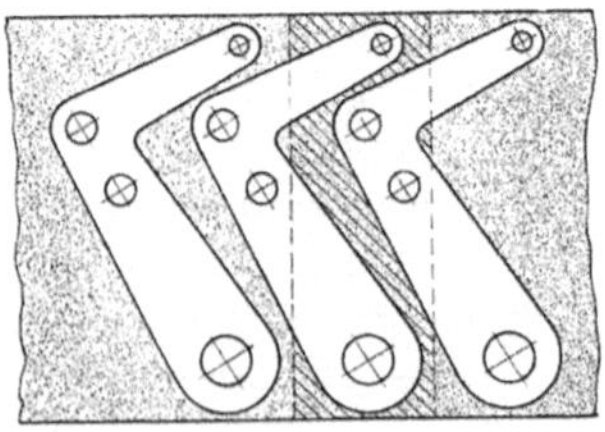

Abb. 117. Stanzform.

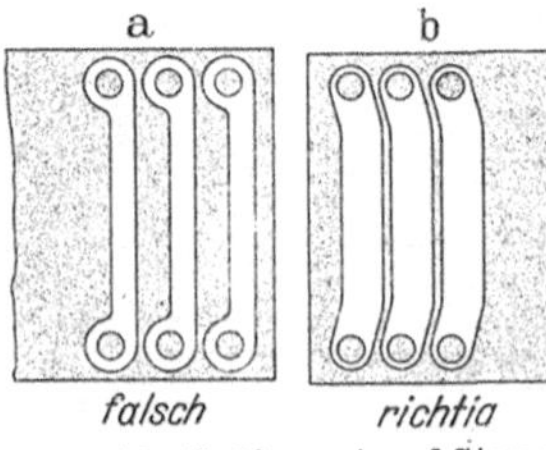

Abb. 118. Gußform *A* und Stanzform *B* eines einarmigen Hebels.

Bezeichnet man das Produkt aus größter Werkstücklänge und -breite als Arbeitsfeld und das Verhältnis von Flächeninhalt des Werkstückes zu Flächeninhalt des Arbeitsfeldes als Ausnutzungszahl, so kommt es darauf an, Formen zu finden, die sich so aneinanderfügen lassen, daß diese Zahl möglichst nahe an 1 kommt.

b) Sperrige Teile und Formen, die sich nicht ändern lassen, bedingen meist großen Stoffverlust. In solchen Fällen ist auf sorgsame Festlegung des Fertigungsplanes zu achten. Nimmt man zur Herstellung des Teiles nach Abb. 114 die

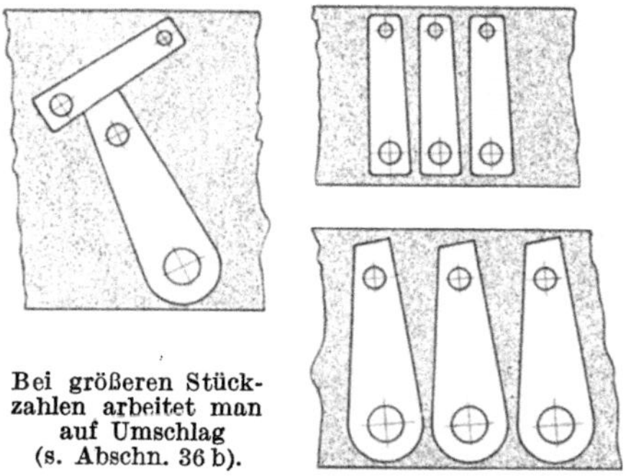

Bei größeren Stückzahlen arbeitet man auf Umschlag (s. Abschn. 36 b).

Abb. 119. Zweckmäßiger Fertigungsplan für Hebel nach Abb. 116.

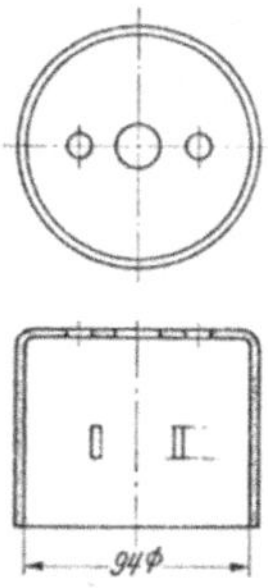

Abb. 120. Tiefgezogene Kapsel.

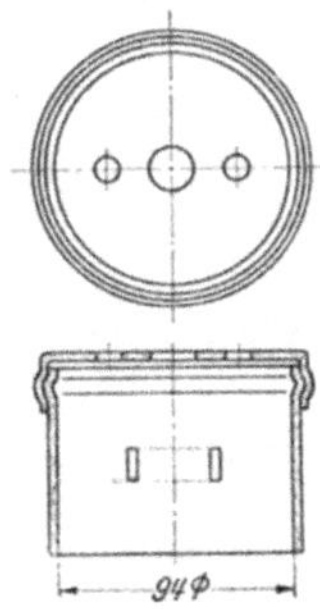

Abb. 121. Stoffsparender Fertigungsplan für die Kapsel nach Abbild. 120.

Schweißtechnik zu Hilfe, so schneidet man noch günstiger ab als in Abb. 117, wenn man den Kniehebel aus zwei einfachen Hebeln zusammensetzt (Abb. 119). Auch kann es zweckmäßig sein, mit Rücksicht auf den Werkstoffverbrauch Tiefziehungen durch einfachere Zieh- oder Biegearbeiten unter Teilung des Werk-

Abb. 122. Badewanne aus einem Stück.

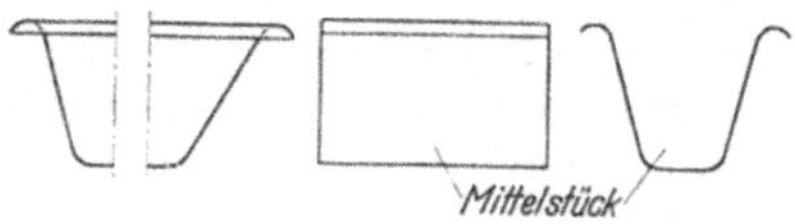

Abb. 123. Zweckmäßiges Teilen der Badewanne zur Stoffersparnis.

stückes zu ersetzen. Die Kapsel Abb. 120, anfangs in einem Stück gezogen, läßt sich billiger nach Abb. 121 herstellen. Man entschloß sich zu dieser Maßnahme um so eher, als der Deckel bei einem anderen Schnittvorgang abfiel. Die neuzeitliche Entwicklung der Schweißtechnik hat diese Arbeitsweise des Teilens wesentlich gefördert. Früher wurde eine Badewanne (Abb. 122) in einem Stück gezogen. Heute zieht man Kopf- und Fußteil in einem Stück, trennt die Teile und schweißt ein nur gebogenes Teil als Mittelstück dazwischen (Abb. 123).

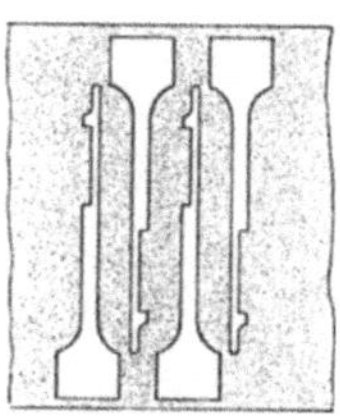

Abb. 124. Einfach ausgenutzter Stanzstreifen.

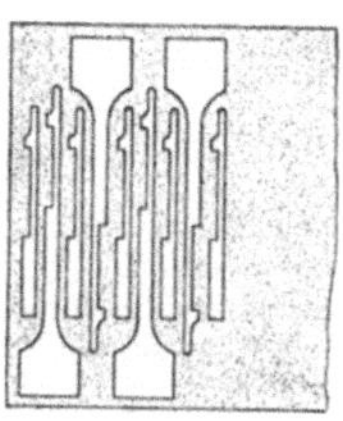

Abb. 125. Ausfüllen verlorener Zwischenräume durch eine 2. Stanzform.

35. Gleichzeitiges Stanzen mehrerer Teile. Wo dennoch viel Stoff verlorengeht, kann man sich so helfen, daß man mehrere Teile, die sich in der richtigen Weise ergänzen, in einem Streifen unterbringt. Abb. 125 gibt vor Abb. 124 eine Werkstoffersparnis von 25%. — Bei Stanzteilen, die nachträglich gelocht werden, ist die Auswertung des Stoffes besonders schwierig, aber durchaus nicht unmöglich (Abb. 126). — Lochungen in Stanzteilen haben häufig nur den Zweck der Gewichtsersparnis, der Montageerleichterung, der Übersichtlichkeit usw. Es lohnt sich die Mühe, die Form dieser Lochungen so zu entwerfen, daß der Abfall aus der Lochung unmittelbar wieder als Werkstück verwendet werden kann. Ohne große Mühe werden Unterlegscheiben nach der Streifeneinteilung in Abb. 127 hergestellt, gleiche Dicke vorausgesetzt. Der Abfall besteht, abgesehen von den Randverlusten, dann nur in dem Lochungsabfall für die kleinste Unterlegscheibe. — Mit dem gleichen Vorbehalt sind die Stator- und Rotorbleche in Abb. 128 verlustfrei hergestellt.

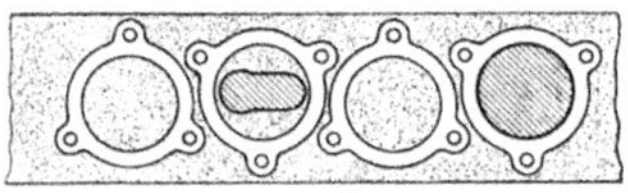

Abb. 126. Ausnutzung von Lochungsabfall.

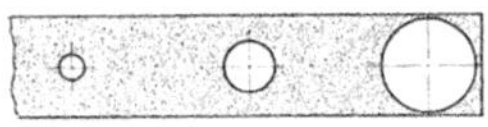

Abb. 127. Gleichzeitige Herstellung von Unterlegscheiben in 3 Größen.

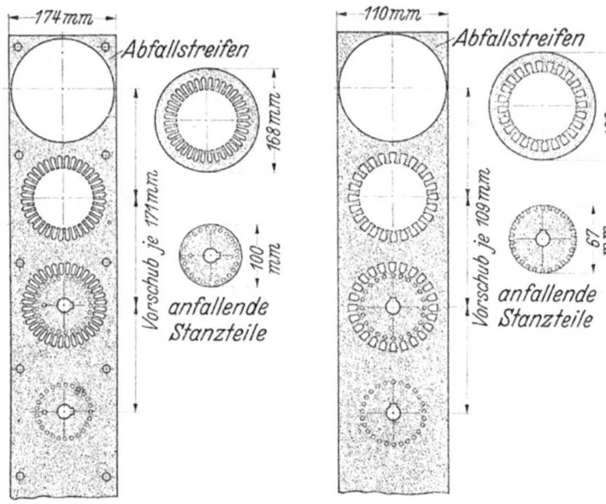

Abb. 128. Gleichzeitige Herstellung von Stator- und Rotorblechen.

36. Stellung des Stempels zum Streifen. Bisher ist die Abhängigkeit der Ausnutzungszahl (Flächeninhalt des Stanzteiles durch größte Werkstücklänge mal -breite) nur von der Form des Ausschnittes gezeigt worden. Darüber hinaus besteht jedoch die Möglichkeit, durch zweckmäßige Anordnung des Stempels zum Streifen bei festliegender Form des Stanzteiles die Ausnutzungszahl zu verbessern.

a) Durch Schrägstellen des Ausschnittes zum Streifen kann man erreichen, daß das Arbeitsfeld besser ausgefüllt wird, indem in Flächenteile, die bei rechtwinkliger Anordnung der Ausschnitte im Streifen unbenutzt blieben, sich Teile des zeitlich nachfolgenden Ausschnittes einschieben. Die Bedeutung dieser Maßnahme ist am Beispiel eines elliptischen Stanzteiles (Abb. 129 bis 132 und eines winkelförmigen (Abb. 133 . . . 136) gezeigt. Die Auswertung dieser Abbildungen ist in Abb. 137 für das elliptische, in Abb. 138 für das winklige Stanzteil durchgeführt. In den Schaubildern sind über den einzelnen Schrägstellungswinkeln auf der Waagerechten die zugehörigen Bandbreiten, Vorschublängen und Arbeitsfelder (Stoffmengen) auf der Senkrechten aufgetragen. Die

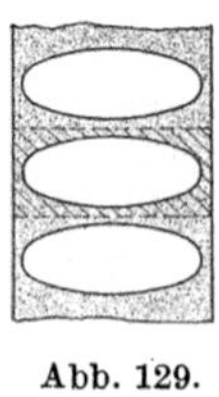

Abb. 129.

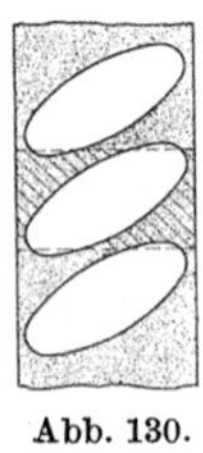

Abb. 130.

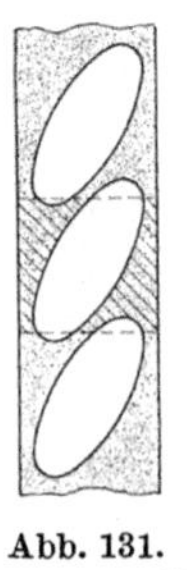

Abb. 131.

Abb. 132.

Abb. 129 . . . 132. Verschiedene Stellungen von Stempeln elliptischer Form zum Blechstreifen.

günstigste Anordnung des Stempels zum Streifen ergibt sich für das ovale Teil in Abb. 137 bei 0^0 und für das winkelförmige Teil in Abb. 138 bei $\approx 38^0$. — Für schwierigere Umrißformen zeigen die Abb. 139 u. 140 die Anwendbarkeit der Schrägstellung.

b) Das gleiche wie dieses Verfahren bezweckt das „Schneiden auf Umschlag". Der Unterschied besteht technisch nur darin, daß das Arbeitsfeld (Vorschub mal Streifenbreite) nicht in einem Durchgang des Blechstreifens durch die Werkzeuge aufgeschnitten wird, sondern in zweien. Nach der ersten Durchleitung wird der Blechstreifen umgedreht (umgeschlagen) und erneut durch die Werkzeuge geführt. Um einen Vergleich zwischen den beiden Verfahren zu ermöglichen, ist in Abb. 141 u. 142 dieselbe Ausschnittform gewählt wie in Abb. 133 u. 136. Gegenüber dem Einfachschneiden in Abb. 133 bedeutet Abb. 141 eine Stoffersparnis von 44%,

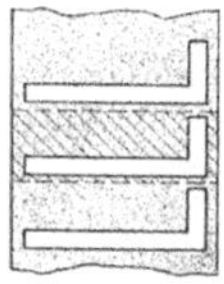

Abb. 133.

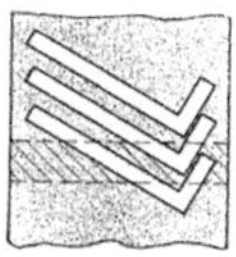

Abb. 134.

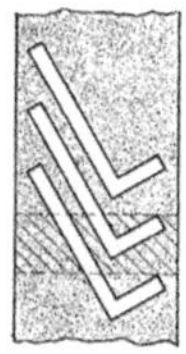

Abb. 135.

Abb. 136.

Abb. 133...136. Verschiedene Stellungen von Stempeln winkliger Form zum Blechstreifen.

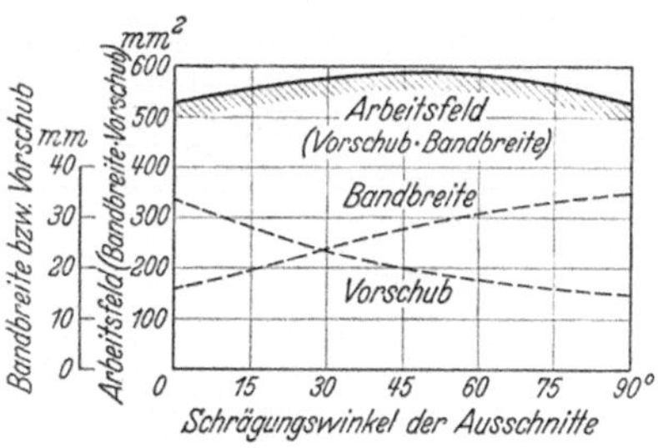

Abb. 137. Günstigste Schrägstellung bei elliptischer Form unter 0°.

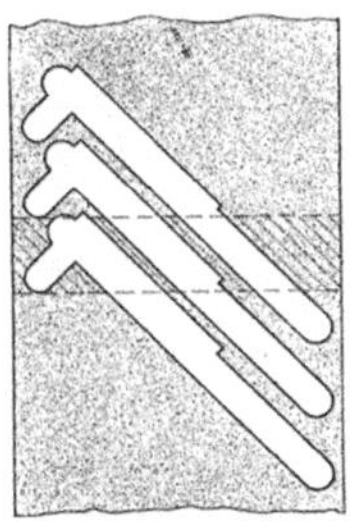

Abb. 139.

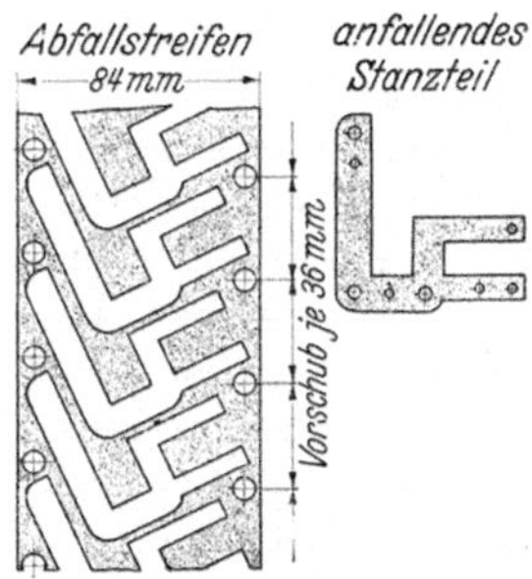

Abb. 140.

Abb. 139 u. 140. Anwendung der Schrägstellung bei anderen Stempelformen.

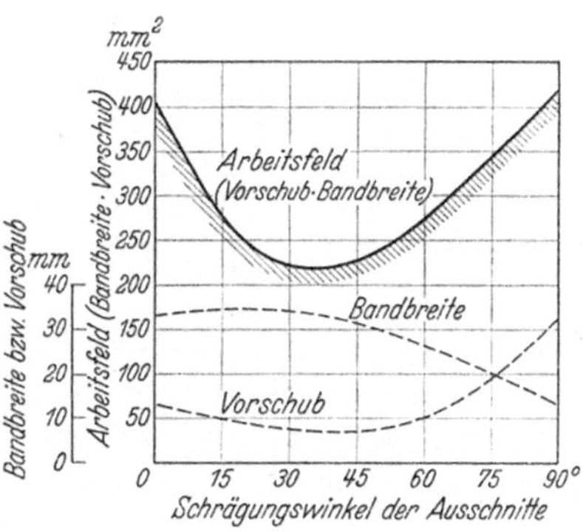

Abb. 138. Günstigste Schrägstellung bei winkliger Form unter ≈ 38°.

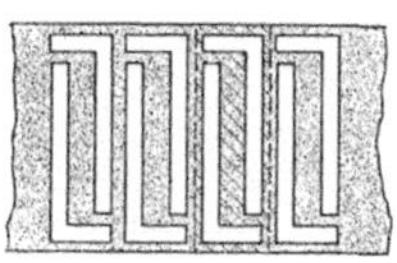

Abb. 141. Schneiden auf Umschlag bei winkligen Teilen (Schrägstellung 0°).

gegenüber dem Einfachschneiden in Abb. 136, die Abb. 142 eine Ersparnis von 39%. Gerade dies Beispiel läßt deutlich erkennen, daß das Schneiden auf Umschlag bezüglich der Blechausnutzung nichts anderes ist als das Einanderanpassen von zwei gleichen Ausschnittformen derart, daß das Arbeitsfeld möglichst gut ausgenutzt ist. Man sucht also zwei gleiche Ausschnitte so zusammenzuschieben, daß sie in ihrer Gesamtform einem Rechteck oder Parallelogramm nahekommen.

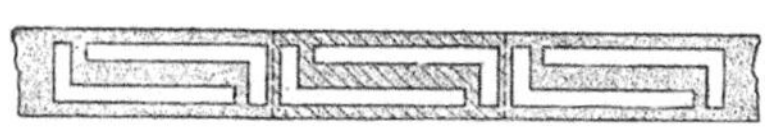

Abb. 142. Schneiden auf Umschlag bei winkligen Teilen (Schrägstellung 90°).

Daß man auf diese Weise selbst bei ungünstigen Formen die Stoffausnutzung wesentlich verbessern kann, zeigen die Abb. 143 ... 146. Das über die Formgebung eines Stanzteils unter 34a Gesagte gilt nach der für das Schneiden auf Umschlag gegebenen Erklärung in diesem Falle nicht für ein Stanzteil, sondern sinngemäß für zwei gleiche Teile zusammen.

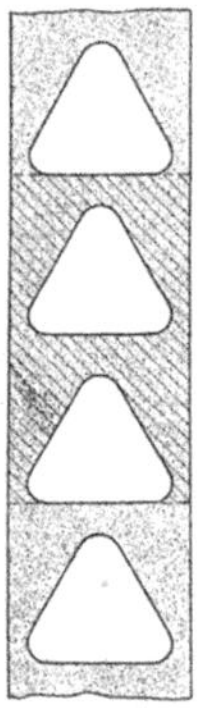

Abb. 143. Einfaches Schneiden dreieckiger Teile.

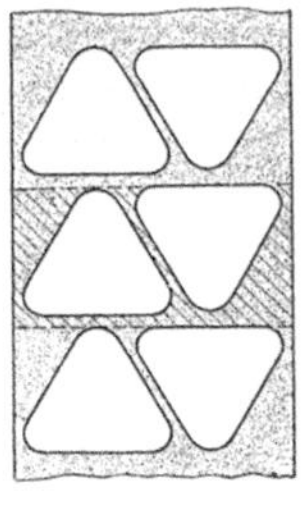

Abb. 144. Umschlagen bei dreieckigen Teilen.

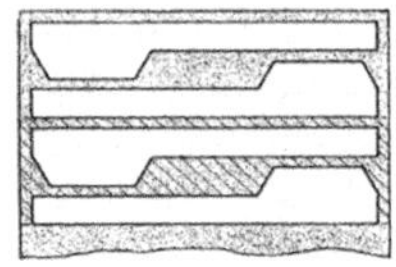

Abb. 145. Auf Umschlagschneiden.

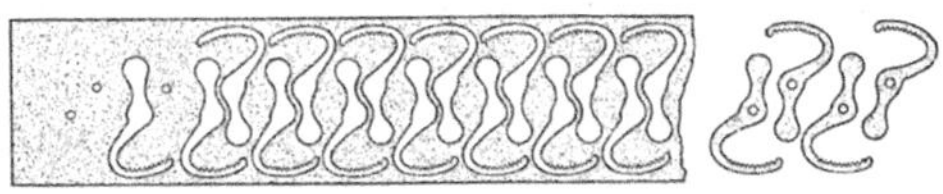

Abb. 146. Auf Umschlagschneiden.

c) Das Schneiden auf Umschlag ist gewissermaßen die Durchgangsstufe zum „Versetztausschneiden". Im Gegensatz zu jenem beschränkt sich bei diesem die zweckdienliche Ausfüllung des Arbeitsfeldes nicht auf zwei Stanzteile, sondern kann sich auf beliebig viele erstrecken. Was die Schrägstellung eines Werkstückes zum Streifen beim Einfachschneiden bedeutet, das ist das Versetztausschneiden für den Streifen mit mehreren Durchleitungen durchs Werkzeug. Die Zweckmäßigkeit dieses Verfahrens ist aus den Abb. 147 u. 148 ohne weiteres zu ersehen. Das klassische Beispiel für das Versetztausschneiden ist der Rundschnitt, weil er rechnerisch leicht zu erfassen ist (Abb. 149). Nach der Konstruktion ist ABC ein gleichseitiges Dreieck mit der Kantenlänge $2r$. Der Mittelpunktsabstand der beiden versetzten Ausschnittreihen errechnet sich als Höhe h des gleichseitigen Dreiecks ABC zu: $h^2 = (2r)^2 - r^2$; $h = r\sqrt{3}$. Die Gesamtstreifenbreite ist dann $= 2r + h = r\,(2 + \sqrt{3})$. Die Vorschublänge ist $2r$. Die verbrauchte Werkstofffläche (für zwei Stanzteile) ist also $= 2r \times r\,(2 + \sqrt{3}) = 2r^2\,(2 + \sqrt{3})$. Der Flächeninhalt zweier Stanzteile ist $= 2r^2\,\pi$. Aus dem Quotienten dieser beiden Werte ergibt sich die Ausnutzungszahl zu $\frac{2r^2\,\pi}{2r^2\,(2+\sqrt{3})} = \frac{\pi}{2+\sqrt{3}} = \frac{3{,}1416}{3{,}7321} \approx 0{,}842$.

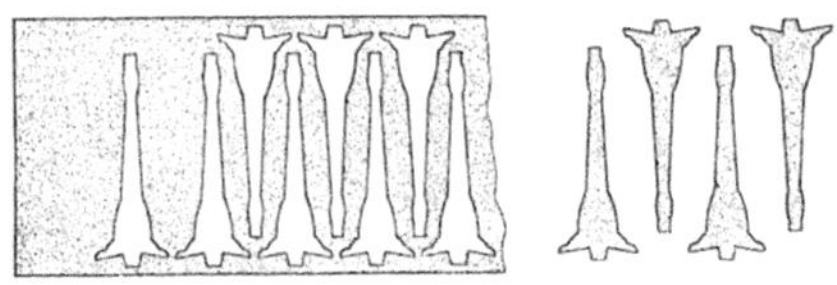

Abb. 147. Versetztes Schneiden.

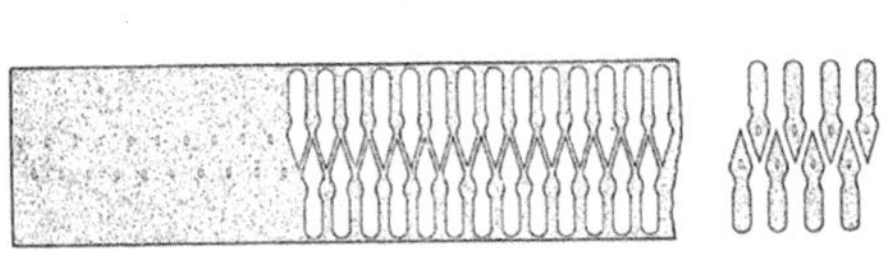

Abb. 148. Herstellung von Schreibfedern durch Versetztausschneiden.

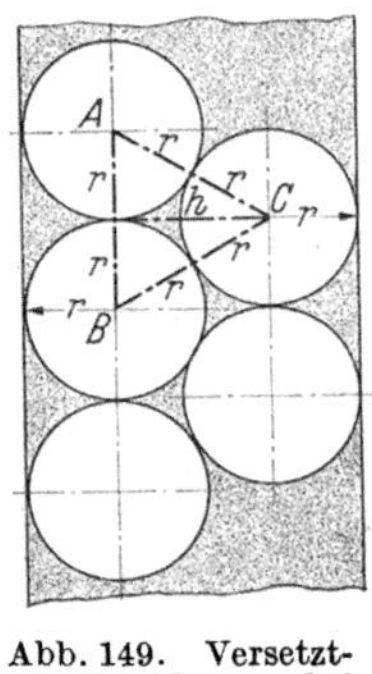

Abb. 149. Versetztausschneiden bei Rundschnitten.

Die Ausnutzungszahl für Rundschnitte ist also unabhängig vom Durchmesser immer gleich 0,842.

d) Diese einzelnen Verfahren können natürlich auch verbunden werden. Häufig kann so allein der Stoff wirtschaftlich ausgenutzt werden. Abb. 150 u. 151 zeigen die Vereinigung des Schrägstellens mit dem Schneiden auf Umschlag, Abb. 152 u. 153 die des Schrägstellens mit Versetztschneiden. Das Zusammenwirkenvon Versetztschneiden und Auf-Umschlag-Schneiden ist wie die Vereinigung aller drei Verfahren nur im Mehrfachschnitt möglich. Dieser gewährt nicht nur in dieser Hinsicht (Ausnutzungszahl) Stoffersparnis, sondern auch aus Gründen, die im Schnittvorgang ihre Ursache haben.

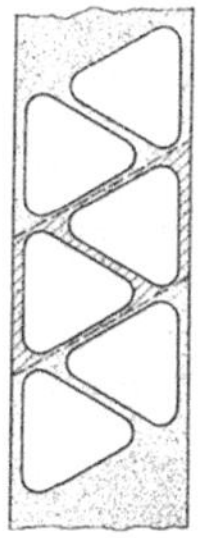

Abb. 150. Umschlagen und Schrägstellen.

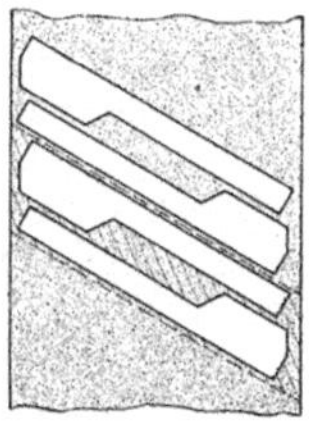

Abb. 151. Umschlagen und Schrägstellen.

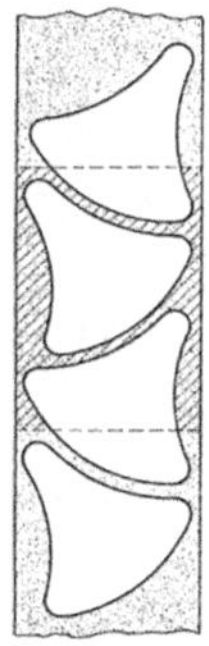

Abb. 152. Versetztschneiden und Schrägstellen.

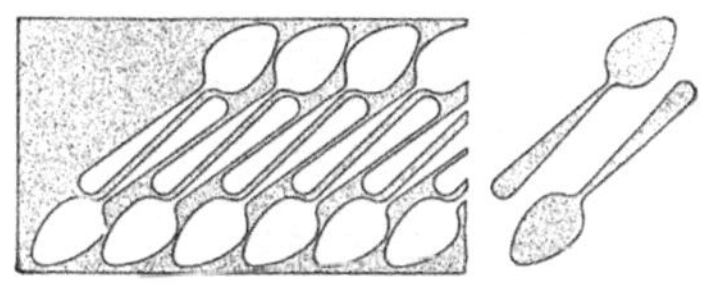

Abb. 153. Versetztschneiden und Schrägstellen.

37. Stegverluste. a) Randverluste. In Heft 44, Abschn. 20 ist erklärt, warum rund um einen Ausschnitt ein gewisser Stoffverlust in Form des verlorenen Steges nicht zu vermeiden ist. Er ist von der Stempelanordnung abhängig. Beim Einzelschnitt ergibt sich der Verlust V infolge des verlorenen Steges s (Abb. 154) in Abhängigkeit von Ausschnittlänge l und Ausschnittbreite b zu $V_1 = 2s(b + 2s) + 2sl$. Beim

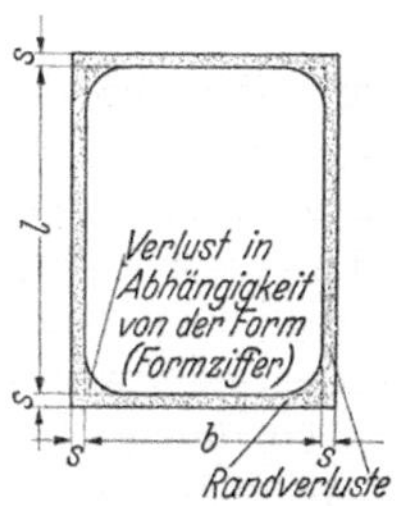

Abb. 154. Stegverluste beim Einzelschnitt.

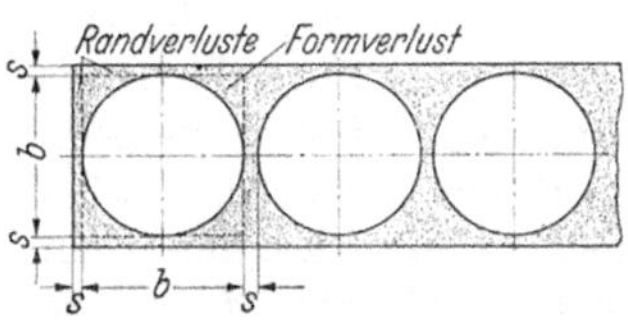

Abb. 155. Stegverluste beim Einfachstreifen.

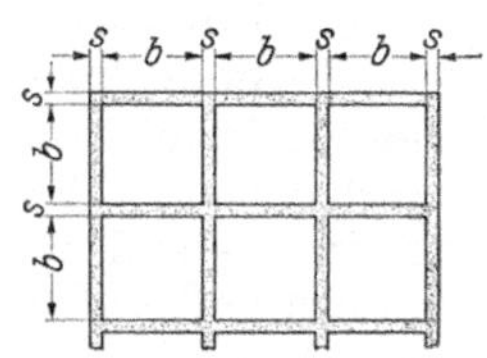

Abb. 156. Stegverluste beim Mehrfachstreifen.

Einfachstreifen kann man einen verlorenen Steg von der Abmessung $s \cdot (b + 2s)$ dadurch sparen, daß man den rechten Steg für den ersten Ausschnitt als linken für den zweiten Ausschnitt benutzt usw. (Abb. 155). Der Stoffverlust je Ausschnitt verringert sich dann gegenüber dem Einzelschnitt ohne Berücksichtigung des Endverlustes auf $V_2 = s(b + 2s) + 2sl$. — Genau wie für die Längsrichtung gilt dies auch für die Breitenausdehnung des Streifens. Der Stoffverlust durch den verlorenen Steg im Streifen n-facher Breite ist nicht $V_3 = n \cdot V_2$, sondern gemäß Abb. 156, auf einen Ausschnitt bezogen ohne Berücksichtigung des Streifenendverlustes, nur $V_3 = \frac{s}{n}[n \cdot b + (n + 1)s] + \frac{n+1}{n} \cdot sl$. Streifen mit mehr als doppelter Breite lassen sich ohne besondere Vorrichtungen in einem einfachen Werkzeug nicht aufschneiden. So kommt man zum Mehrfachschnitt.

b) Es liegt nahe, zur Herabsetzung des Stoffverlustes dieselben Verfahren wie für ein Werkzeug zum Aufschneiden des Streifens in mehreren Durchleitungen auch auf den Mehrfachschnitt zu übertragen. Eine Streifeneinteilung eines Mehrfachschnittes, der auf Umschlag schneidet, zeigt Abb. 157. Mit versetzten Stempeln wird ein Streifen nach Abb. 158 bearbeitet. Der Streifen in Abb. 159 ist mehrfach

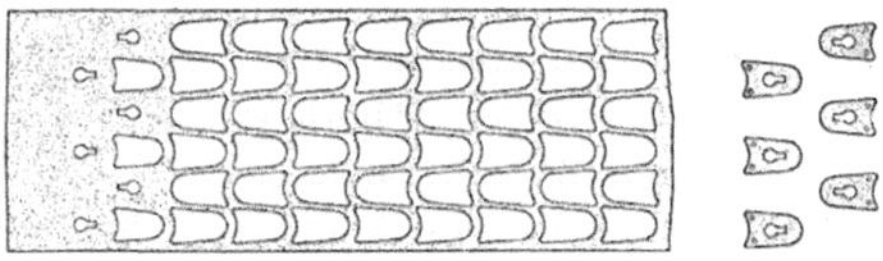

Abb. 157. Mehrfachschnitt auf Umschlag arbeitend.

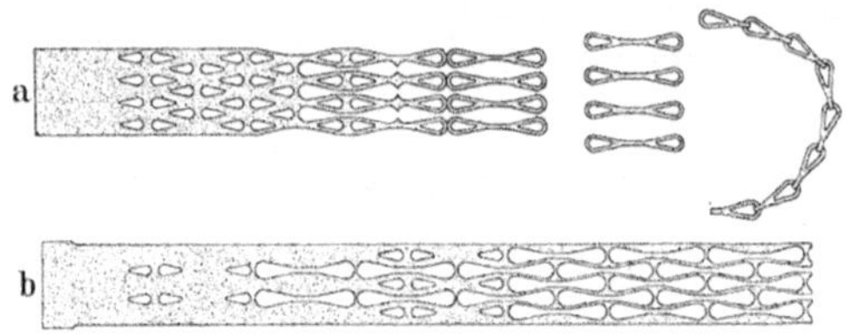

a: 7fach b: 5fach ausgelegt.
Abb. 158. Mehrfachschnitt mit versetzten Stempeln.

auf Umschlag, versetzt ausgelegt. Abb. 160 stellt eine Streifeneinteilung: Mehrfachschnitt, auf Umschlag, mit Schrägstellung dar, Abb. 161 eine solche eines

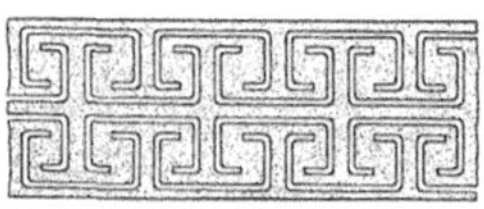

Abb. 159. Mehrfachschnitt auf Umschlag, versetzte Stempel.

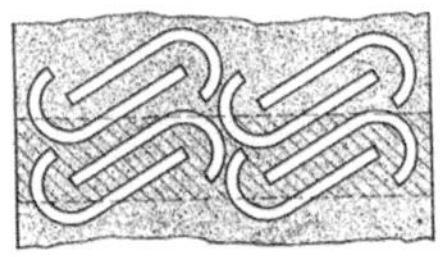

Abb. 160. Mehrfachschnitt auf Umschlag, schräggestellte Stempel.

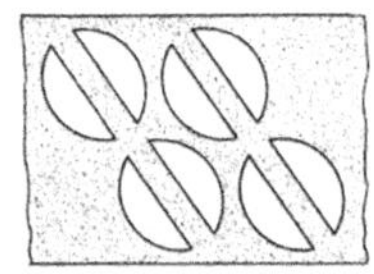

Abb. 161. Mehrfachschnitt auf Umschlag, schräggestellte, versetzte Stempel.

Mehrfachschnittes mit den drei unter 46b genannten Anordnungsverfahren für Stempel (Schrägstellen, Auf-Umschlag-Schneiden, versetzt).

c) Wenn man beim Mehrfachschnitt ebenso wie beim Schneiden mit mehreren Durchleitungen des Streifens durchs Werkzeug an Stegverlusten sparen kann, so darf man nicht vergessen, daß beim Mehrfachschnitt der Steg nun aber von zwei Seiten, also doppelt so hoch belastet wird wie beim Einfachschnitt. Es gibt Formen, für die das nicht von Bedeutung ist. Aber wenn schmale Stempel dicken, dazu womöglich noch zähen Werkstoff zu bearbeiten haben, muß bei Festlegung der Stegbreite dieser Umstand berücksichtigt werden. Ein Teil der durch den Mehrfachschnitt erzielten Stegersparnis würde also durch die notwendig werdende Stegverbreiterung wieder verlorengehen. In solchen Fällen greift man zum springenden Vorschub (s. Heft 44, Abb. 60). Man ordnet die Stempel nicht unmittelbar nebeneinander an, sondern schaltet je nach Bedarf eine oder mehrere Vorschublängen Abstand ein. Auf diese Weise ist der Steg wieder wie zuvor nur einseitig belastet.

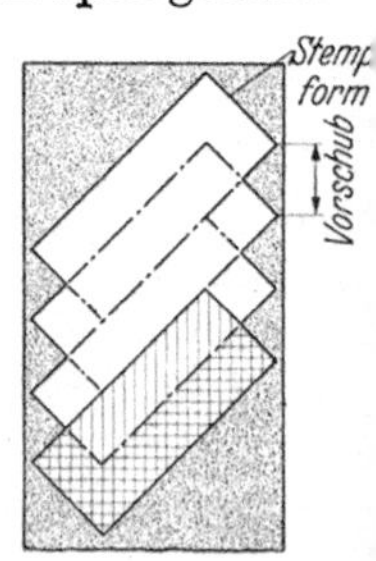

Abb. 163. Abhackschnitt ohne Querstegverlust mit schräggestelltem Stempel.

d) Die Stegverluste sind durch Abhackschnitte noch weiter herabzusetzen, und zwar einmal durch Vermeiden der Querstege, zweitens durch den Wegfall der Längs- oder Außenstege. Schließlich kann man ohne jeden Stegverlust abschneiden. — Nachfolgend einige Streifeneinteilungen für Ausschnitte ohne Querstegverlust: Abb. 162 zeigt normale Aufteilung, Abb. 163 einen Streifen für schräggestellten Stempel. Die Werkstückanordnung in Abb. 164 entspricht derjenigen beim Schneiden auf Umschlag. Das Schneiden mit versetzten Stempeln ist in Abb. 165 dargestellt.

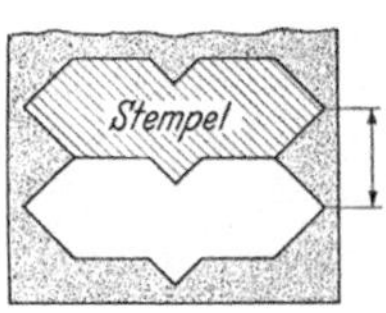

Abb. 162. Abhackschnitt ohne Querstegverlust.

Um die Randstegverluste zu vermeiden, zieht man die Längskanten des Streifens zur Formgebung für das Werkstück heran (Abb. 166). Namentlich bei langen schmalen Stücken wird man sich dieses Verfahrens gern bedienen. Daß man dabei nicht an einfache Formgebung allein gebunden ist, wurde schon in den Abb. 29 u. 30 dargelegt. Die Schnittgenauigkeit hängt bei dieser Arbeitsweise von der Sauberkeit

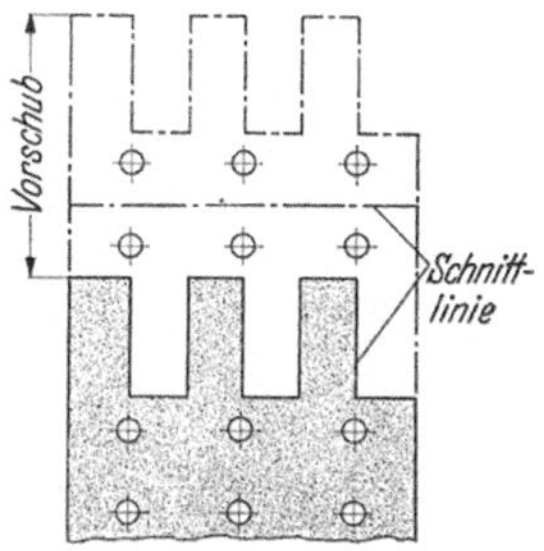

Abb. 164. Abhackschnitt ohne Querstegverlust entsprechend dem Umschlagen.

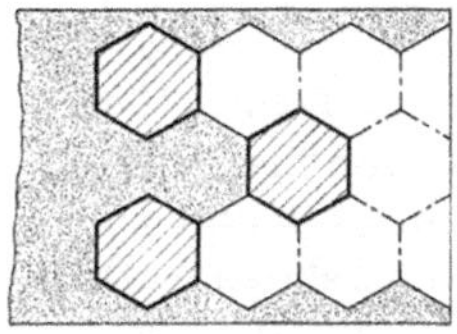
Abb. 165. Ausschneiden ohne Querstegverlust mit versetzten Stempeln.

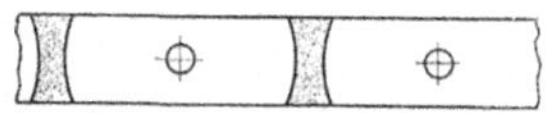
Abb. 166. Schneiden ohne Randverluste.

ab, mit der der Rohstreifen hergestellt und geführt werden kann. Die zulässige Toleranz in der Vorschubrichtung muß bei der Herstellung eines solchen Stanzteils mindestens doppelt so groß sein wie bei der üblichen Herstellungsweise, weil das Stanzteil nicht mehr in einem Schnitt fertig wird, sondern in zwei Hüben: beim ersten Hub die vordere Seite, beim folgenden die hintere. Die Toleranzen müssen nicht nur für die Größenschwankungen Geltung haben, sondern auch für Formverzerrungen, die sich durch Schrägstellen des Streifens in den Führungen ergeben können.

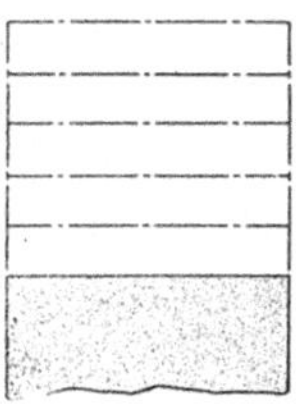
Abb. 167. Schneiden ohne Stegverluste (Abschneiden).

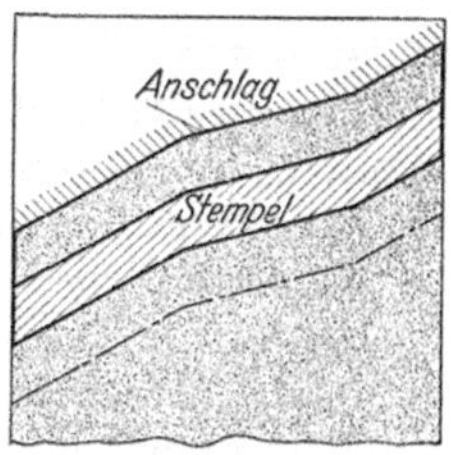

Abb. 168. Abschneiden mit schräggestelltem Stempel. — Schnitt oder Stempel und Schnittplatte sind wie bei einer Schere als Schneide und Gegenschneide ausgebildet.

In noch höherem Maße gilt dieses für den vollständig verlustfreien Schnitt. Seine einfachste Form ist in Abb. 167 wiedergegeben. Für schräggestellten Formstempel ergibt sich das Streifenbild der Abb. 168. Ein Beispiel für eine Stempelanordnung, die dem Schneiden auf Umschlag entspricht, ist Abb. 169. Versetzte Ausschnitte wendet man bei Formen wie in Abb. 170 an. Eine häufig gebrauchte Streifeneinteilung für Mehrfachschnitt zeigt Abb. 171.

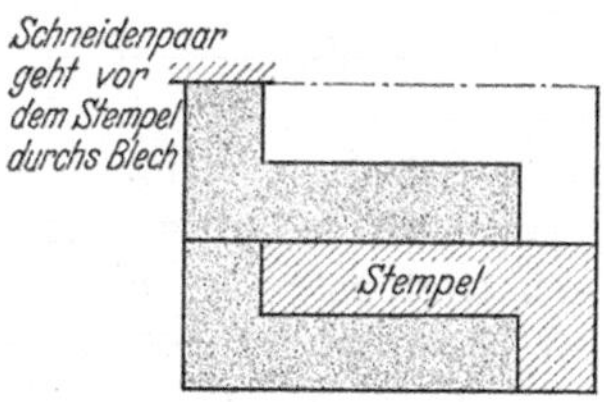

Abb. 169. Abschneiden entsprechend dem Umschlagen.

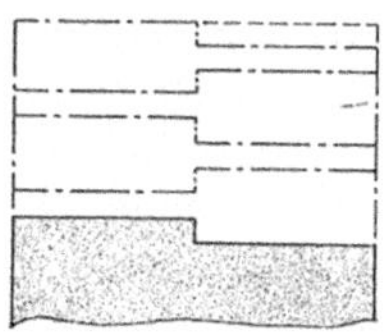
Abb. 170. Abschneiden mit versetzten Stempeln.

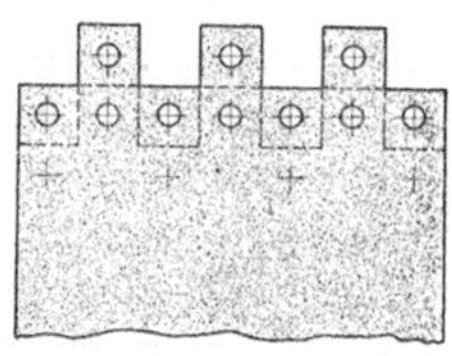
Abb. 171. Verlustfreie Herstellung vierkantiger Muttern.

38. An- und Endschnittverluste. Auf die Ausnutzung des Streifens ist die Art des Werkzeugs nicht ohne Einfluß.

a) Voranschläge. Bei einem Folgeschnitt ohne Seitenschneider mit n-Stufen wird erst nach n-Hüben das erste Werkstück fertig. Der Werkstoff von $(n - 1)$ Arbeitsfeldern wäre ohne besondere Vorrichtungen also Verlust. Solche Vorrichtungen sind die Voranschläge. Von ihrer Arbeitsweise gibt Abb. 172 ein Bild.

Der Voranschlag wird in die Streifenbahn gedrückt, der Blechstreifen gegen ihn als Anschlag geschoben, die Presse eingerückt und damit der Streifen vom ersten Stempel gelocht. Für n-Stufen sind also $(n - 1)$ Voranschläge notwendig; denn beim n^{ten} Schnitt übernimmt der vorgesehene feste Anschlag die Vorschubbegrenzung. Der Voranschlag muß so angebracht werden, daß beim ersten Hub eine geeignete Anschlagfläche hergestellt wird. Dieses Verfahren ist mit dem gleichen Erfolg auf das Schneiden-auf-Umschlag und auf das Versetztschneiden anwendbar. Der wirtschaftliche Wert der Voranschläge hängt von ihren Herstellungs- und Bedienungskosten ab.

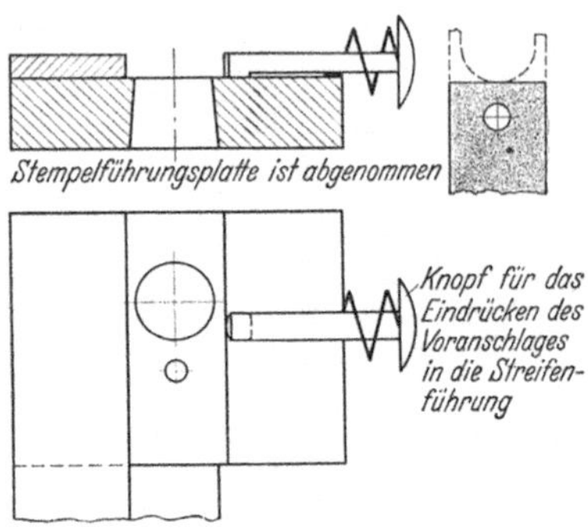

Abb. 172. Voranschlag.

b) Seitenschneider. Bei Folgeschnitten mit drei Stufen werden zwei Voranschläge notwendig usw. Damit wird das Werkzeug unhandlich. Man verwendet statt mehrerer Voranschläge den Seitenschneider (Abb. 173), bei dem die Anschlagstelle genau auf der Mitte des Steges zwischen den Stufen liegen muß. Die Verwendung des Seitenschneiders zum alleinigen Zweck der Blechersparnis ist aber ein zweischneidiges Schwert, weil der Seitenschneider selbst ein Stoffverbraucher ist. — Ähnlich liegen die Verhältnisse beim Folgeschnitt für die letzten Ausschnitte im Streifen. Da der Seitenschneider im ersten Feld arbeitet, sind für die letzten $(n - 1)$ Vorschublängen keine Anschläge mehr vorhanden. Diese erhält man durch einen zweiten Seitenschneider, der im letzten Arbeitsfeld auf der anderen Streifenseite arbeitet (Abb. 174). — Wo es bei der Anbringung des Seitenschneiders nur auf die Stoffersparnis ankommt, sind Stoffverbrauch (Heft 44, Abb. 58) und Gewinn zu vergleichen, wobei die Kosten für die Herstellung des Seitenschneiders zu berücksichtigen sind.

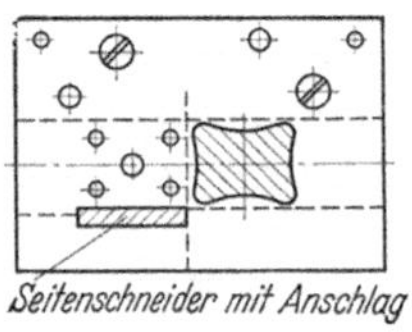

Abb. 173. Seitenschneider als Voranschlag.

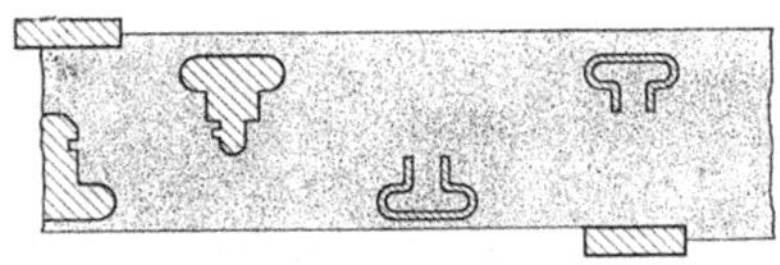
Abb. 174. Versetzte Seitenschneider für die letzten Schnitte im Streifen.

39. Tafel- und Streifenverluste. Bei den in Abb. 113 mit *d* bezeichneten Verlusten handelt es sich um zweierlei: um die Abfallverluste bei der Herstellung von Streifen aus Tafeln und um die Randverluste, die durch Streifenbreite und durch das Verhältnis von Streifenbreite zu Streifenlänge bedingt sind.

a) Die zuerst genannten Verluste entstehen dann, wenn Tafellänge und -breite (je nach der Aufteilungsrichtung) kein ganzes Vielfaches der Streifenbreite sind, oder wenn die Breiten des Arbeitsfeldes und des Blechstreifens nicht übereinstimmen. Dies kann man dadurch vermeiden, daß man Blechbänder von genau der notwendigen Breite verwendet. Solche Bänder müssen meistens für jeden Auftrag besonders angefertigt werden, was sich nur lohnt, wenn genügend große Mengen gebraucht werden. Es muß aber auch die für die Herstellung des Bandes notwendige Zeit verfügbar sein und die Mehrkosten des Bandes gegenüber aus Tafeln hergestellten Streifen dürfen nicht größer werden, als der Verlust an Blech wertmäßig ausmachen würde. In allen anderen Fällen geht man vom Tafelblech aus.

b) Ist die Verwendung von solchen Streifenbreiten, die sich verlustfrei aus einer Tafel schneiden lassen, nicht möglich, so muß man zur Minderung des Verlustes prüfen, ob der Abfallstreifen für die Weiterverarbeitung in anderen Werkzeugen aufzubewahren ist oder, wenn sich dies nicht lohnt, ob durch Änderung der Streifeneinteilung, wie sie bei Schrägschnitt und Mehrfachschnitt mit versetzten Stempeln möglich ist, sich der Verlust nicht verkleinern läßt. Der Stoffaufwand in Abb. 175 gleich 1 gesetzt, steigert sich für Abb. 176a auf das 1,2fache, für Abb. 176b dagegen nur auf das 1,15fache. Beim Versetztausschneiden in Stanzautomaten u. dgl. sind außer der üblichen Streifeneinteilung nach Abb. 177 mit versetzten gleichzahligen Reihen und nach Abb. 178 mit versetzten ungleichzahligen Reihen die Lösungen nach Abb. 179 u. 180 möglich. In Abb. 179 ist für die Versetzung der Stempel in drei Reihen das günstigste Verhältnis gewählt

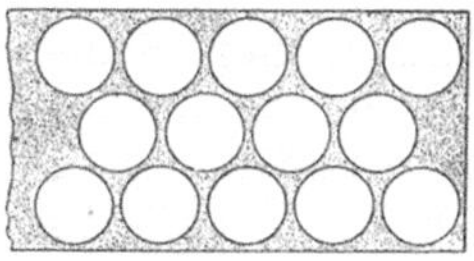

Abb. 175. Ideale Streifenaufteilung.

a

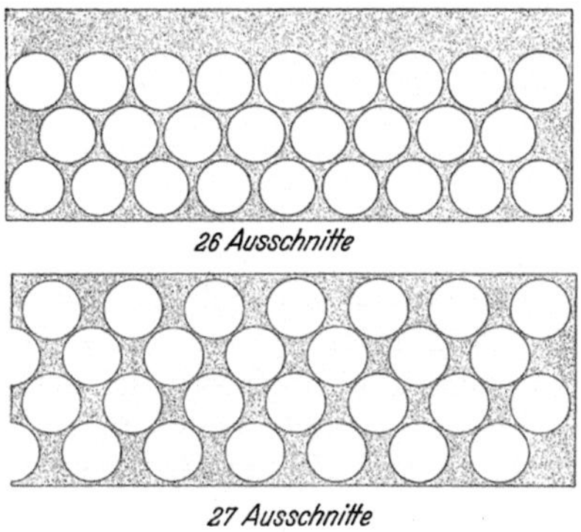

b

Abb. 176.
a. Stoffaufwand das 1,2fache von Abb. 175.
b. Stoffaufwand das 1,15fache von Abb. 175.

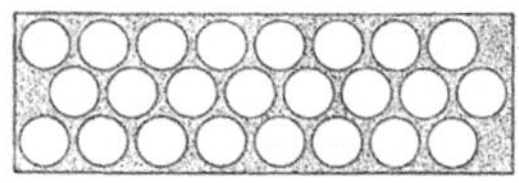

Abb. 177. Übliche Streifenaufteilung beim Dreifachschnitt.

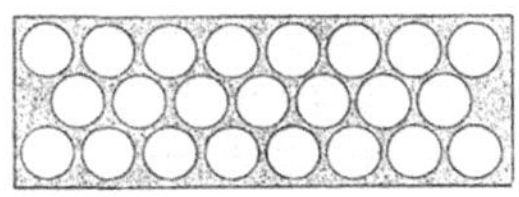

Abb. 178. Ungleichzahlige Reihen beim Dreifachschnitt.

und der Rest des Streifens als Einfachstreifen ausgebildet, in Abb. 180 sind drei Reihen nach dem günstigsten Verhältnis versetzt und die Restbreite des Streifens durch zwei nicht versetzte Reihen ausgefüllt.

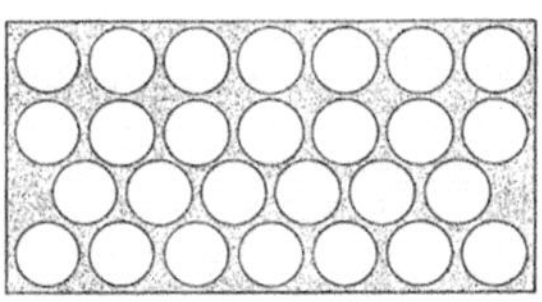

Abb. 179. 3 Reihen versetzt, 1 Reihe nicht versetzt.

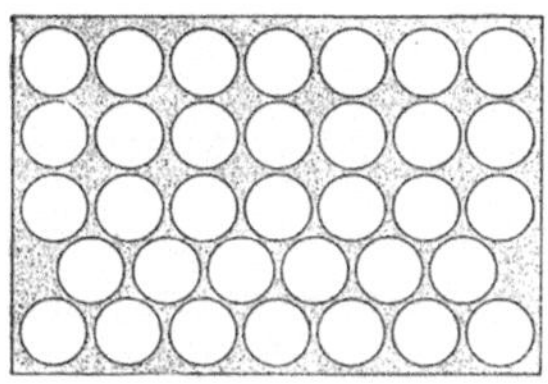

Abb. 180. 3 Reihen versetzt, 2 Reihen nicht versetzt.

c) Bei solchen Überlegungen ist auch der Verlust am Anfang und Ende des Streifens zu berücksichtigen. Dieser wird um so größer, je breiter der Streifen ist. Aber auch diese Verluste lassen sich durch geeignete Anordnung der Stempel verringern. In Abb. 181 u. 182 sind als Beleg hierfür Streifeneinteilungen gegenübergestellt. Unter Einrechnung dieser Verluste fand **Schröder** (WT. 1925, Heft 4) für Rundschnitte die günstigste Streifenform in Abb. 183 mit

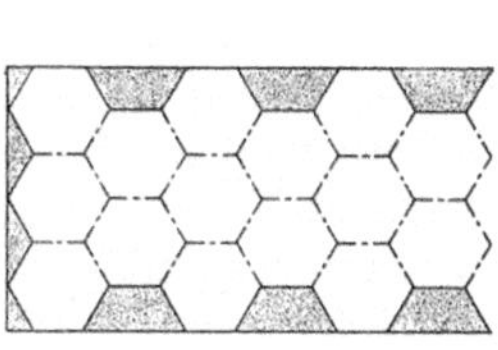

Abb. 181.

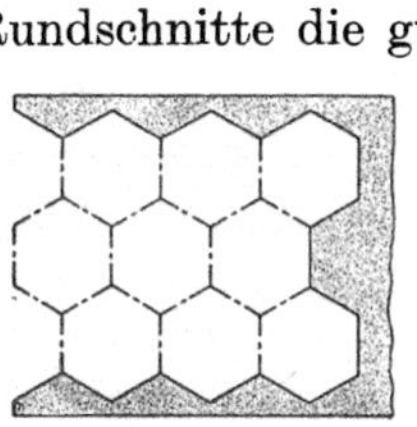

Abb. 182.

Abb. 181 u. 182. Anfang- und Endverluste im Streifen.

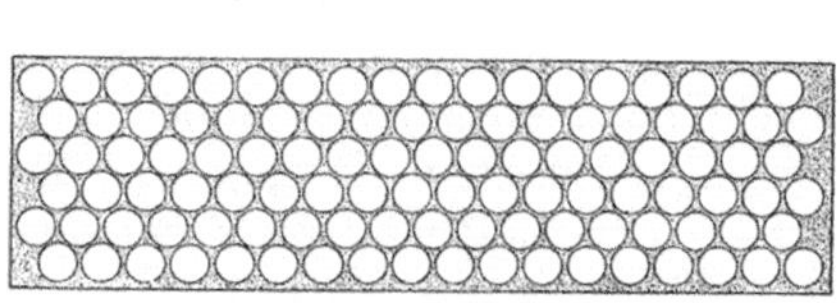

Abb. 183. Günstigste Streifenform für Rundschnitte.

einem Seitenverhältnis von 1 : 3,45 oder Reihen in Querrichtung zu Reihen in Längsrichtung wie 1 : 3. — Die Festlegung der günstigsten Blechausnutzung ist gefühlsmäßig nicht möglich. Immer sollte man planmäßig vorgehen und die verschiedenen Möglichkeiten nachprüfen. Im Entwurfsbüro sollte daher niemals Millimeterpapier und eine Flächenmeßvorrichtung (Planimeter) fehlen.

40. Der Voranschlag für den Werkstoffverbrauch. An Hand der Hinweise im Abschn. 34 u. 35 wird zunächst die günstigste Stempelform (Abb. 115 ... 123) und die günstigste Stempelanordnung (Abb. 124 ... 171) herausgesucht. Zu diesem Zweck schneidet man sich 3 ... 5 Ausschnitte in steifem Papier aus und zeichnet auf diesen eine Längsachse ein. Auf Millimeterpapier ordnet man dann die Teile so einander zu, wie es am günstigsten erscheint. So zeichnet man Anfang und Ende des Streifens auf (Abb. 184), legt das Arbeitsfeld fest, ebenso die Stegbreiten, und gewinnt damit die Vorschubgröße und die Streifenbreiten. Anfangs- und Endverluste kann man planimetrieren, die Ausnutzungszahl berechnen.

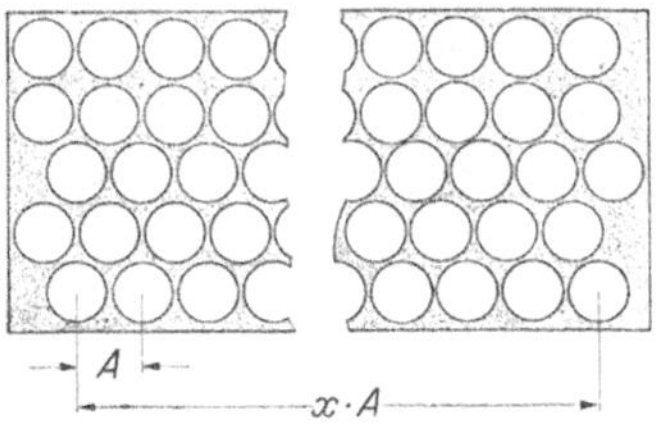

Abb. 184. Aufzeichnen einer Streifenaufteilung.

41. Ausschuß. Dem so gewonnenen Ergebnis muß eine Sicherheitszahl beigegeben werden. Nur in seltenen Fällen wird der letzte Streifen durch die Stückzahl des Auftrages voll ausgenutzt. Andererseits muß man mit einer Anzahl Probe- und Fehlschnitten rechnen. Nun ist das Ausschneiden meistens der erste Arbeitsgang einer ganzen Folge von Arbeitsstufen, bei denen auch Ausschuß nicht mit Sicherheit zu vermeiden ist. Es muß also von vornherein eine größere Anzahl Einzelteile ausgeschnitten werden, als dem eigentlichen Auftragsumfang entspricht. Die Sicherheitszahl für diese Verluste bewegt sich um 1,02 ... 1,08. Dr.-Ing. Oehler hat Toleranzen für den Ausschuß eingeführt. Zu überschlägigen Berechnungen legt er für Stückzahlen $Z = 1 \ldots 250000$ die größte zulässige Ausschußstückzahl A durch die Gleichung fest:

$$A = Z \cdot \left(\frac{600 - \sqrt{Z}}{10000}\right)$$

Um die Abhängigkeit des Ausschusses von der Art des Werkzeugaufbaues zu ermitteln, wird diese Formel durch eine Anzahl Beiwerte erweitert (s. Masch.-Bau 1935, Heft 17/18, S. 485).

O. Ausnutzung des Werkstoffes nach seiner Dicke.

Zur Stoffersparnis wird man immer bemüht sein, bei der Herstellung jedes Stanzteils mit möglichst dünnen Blechen auszukommen. Diese haben zudem den Vorteil leichterer Bearbeitbarkeit, also geringeren Werkzeugverschleißes, niedrigeren Kraft- und Energiebedarfs usw. Mit abnehmender Werkstoffdicke verliert aber das Stanzteil an Formfestigkeit. Diese kann man dadurch wiedergewinnen, daß man durch besondere Formgebung das Widerstandsmoment des Stanzteils gegen Verbiegen bzw. Verdrehen erhöht. Gerade die Stanztechnik bietet hierzu genügend Möglichkeiten durch Biegen und Ziehen. Randversteifungen führt man durch Abkanten, Bördeln und Rollen aus, Sicken lassen sich an Mantelflächen leicht auch noch nachträglich anbringen. Flache Teile kann man wölben (bombieren) oder durch Rippen und Durchzüge versteifen. Bei größeren Stückzahlen ist es wirtschaftlich, die Form des ganzen Stanzteils von dem Gesichtspunkt der Vergrößerung des Widerstandsmomentes aus zu gestalten und das Stanzteil durch Hohlpressen herzustellen (s. E. Kaczmarek, Die Formgestaltung stabilisierter Stanzteile aus dünnem Werkstoff: TZ. 1935, Heft 23/24, S. 607).

V. Wirtschaftlicher Werkzeugeinsatz.

P. Kostensenkung durch billige Herstellung des Stanzwerkzeugs.

42. Ausnutzung des Werkstoffes. a) Die Herstellungskosten für ein Stanzwerkzeug sind zunächst eine Stoffrage. Wo hohe Stückzahlen verlangt werden, kann der Stahl nicht gut genug sein. Viel kann man aber auch dadurch erreichen, daß man alle die Erscheinungen, die einer vollständigen Ausnutzung der Stahleigenschaften entgegenstehen, sorgfältig vermeidet. Das sind hauptsächlich die örtlichen Spannungen. Sie werden durch Kaltverformung und Härtung hervorgerufen. Spannungen durch Kaltverformung (Dengeln der Stempelschneiden, Aufdornen und Treiben der Schnittplatten) beseitigt man durch Ausglühen vor dem Härten. Härtespannungen sind nicht zu vermeiden, aber man kann sie möglichst gering zu halten und gleichmäßig über den ganzen Stoff oder wenigstens über größere Flächen zu verteilen suchen. Dazu gehört, daß die Flächen vor dem Härten geglättet oder geschliffen werden und daß die Gestaltung der zu härtenden Teile scharfkantige Querschnittsübergänge und scharfkantige Durchbruchskanten, wenn es nicht gerade Schnittkanten sind, vermeidet.

b) Wo höchste Anforderungen an das Werkzeug gestellt werden müssen, ist bei der Auswahl des Stahls auch zu bedenken, daß selbst bei bestem Werkzeugstahl zuweilen Längsfasern vorkommen, die den Stahl quer zur Faser geringere Festigkeitseigenschaften geben als längs. Daher soll solche Faser bei Stempeln in der Druckrichtung verlaufen, bei Schnittplatten mit langen, schmalen Durchbrüchen quer zu diesen.

Das günstigste ist es aber, besonders für hoch legierte und hoch beanspruchte Werkzeuge, nur Stahl zu benutzen, der keine Faser hat. Das ist mit Sicherheit von solchen Stücken zu erwarten, die aus dem unteren Teil des Stahlblockes gewonnen sind.

c) Das wirtschaftliche Herstellen von austauschbaren Stanzteilen macht oft Schwierigkeiten, weil nur kleine Stückzahlen verlangt werden. Wo nur Stückzahlen von etwa 10 aus Messing- und Al-Legierungen herzustellen sind, genügt es, einen „Stempel" aus 3 mm dickem kaltgewalztem Stahl herzustellen, diesen auf den Pressentisch und das Blech darüberzulegen und dann zwischen den herabgehenden Stößel und das Blech eine Gummiplatte einzuführen, die in diesem Falle als Schnittplatte wirkt. Bei schwieriger zu verarbeitenden Blechen, z. B. Chrom-Molybdänstahl, 6 mm dick, stellt man Stempel und Schnittplatte aus kaltgewalztem einsatzgehärtetem Stahl von etwa 20 mm Dicke her und kann bei schlagartigem Wirken des Pressenstößels bis zu 150 Stanzteile auf diese Weise erzeugen (Charles O. Herb, Machinery, New York, Bd. 42).

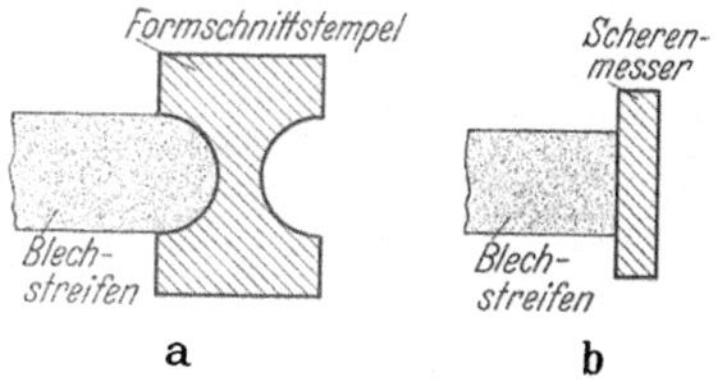

Abb. 185. Schneidenwerkstoffverbrauch in Abhängigkeit von der Schneidenform.

d) Neben der Ausnutzung der Stoffgüte muß man auch mit der Stoffmenge haushälterisch umgehen, um ein Stanzwerkzeug wirtschaftlich herzustellen. Ein Formschnitt nach Abb. 185a verlangt einen größeren Stoffaufwand für Stempel und Schnittplatte als ein glattes Abschneiden (Abb. 185b), so daß sich wohl die Überlegung lohnt, ob es notwendig ist, das Stanzteil kreisförmig zu begrenzen. Andere Maßnahmen, um die Schneiden zweckmäßig herzustellen, sind in Heft 57, Abschn. I angeführt.

43. Herstellungskosten des Werkzeugs. Es leuchtet ein, daß die Herstellungskosten eines Stanzwerkzeugs auch eine Frage der Schnittform sind. Je unregelmäßiger diese ist, desto schwieriger und daher teurer ist es, eine genaue Passung zwischen den beiden Werkzeugteilen herzustellen. In noch erhöhtem Maße gilt dies, wenn die Toleranzen in den Abmessungen der Stanzteile eng gelegt sind, oder bei Mehrfachschnitten. Es darf daher kein Mittel unversucht bleiben, einerseits die Herstellungsverfahren zu verbessern (s. Sellin, Handbuch der Ziehtechnik), andererseits die Toleranzen für ein Schnitteil zu vergrößern, ohne die Verwendungsfähigkeit zu beeinträchtigen. So ist es unzweckmäßig, Laschen halbrund zu begrenzen (Abb. 186 a), weil dann schon geringe Einseitigkeit der Lochung störend ins Auge fällt. Abb. 186 b ist die wirtschaftlichere Lösung. — Alle Formen,

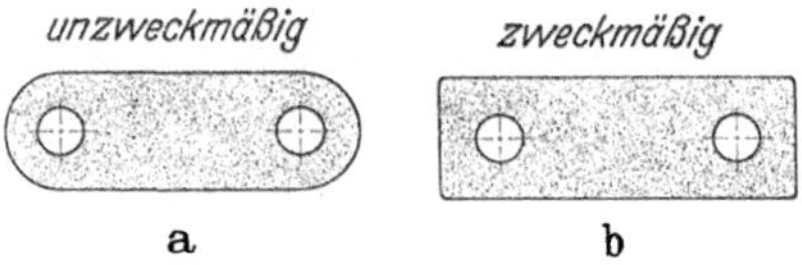

Abb. 186.

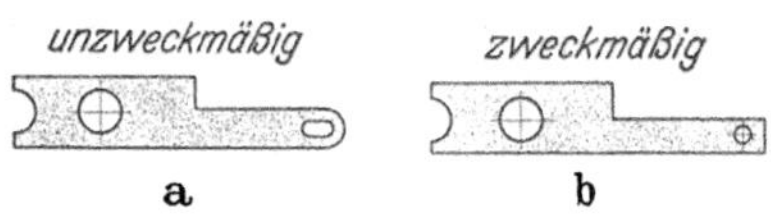

Abb. 187.

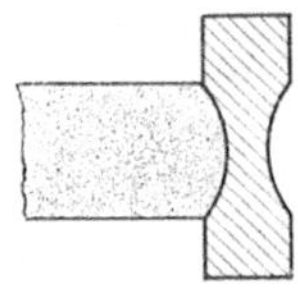

Abb. 188.

Abb. 186 . . . 188. Zweckmäßige und unzweckmäßige Formen beim Aus- und Abschneiden.

die sich in einem Zuge auf der Maschine herstellen lassen, sind solchen vorzuziehen, die in mehreren Arbeitsgängen gefertigt werden müssen. Darum sollte man Lochernadeln immer rund ausführen (Abb. 187), da diese Lösung in der Herstellung billiger ist als ein Stempel mit Schnittplatte für Längsschlitze, auch wenn man entsprechend größere Durchmesser wählen muß. Schnittlinien, die ineinander übergehen und in mehreren Schnitten oder Stufen hergestellt werden, sollte man vermeiden, da diese Forderung außergewöhnliche und unnötig hohe Anforderungen an die Herstellungsgenauigkeit der Führungen und Anschläge im Schnittwerkzeug stellt und im Betrieb bei eintretendem Verschleiß zu Fehlschnitten und Versagen des Werkzeugs Anlaß gibt. Sollen z. B. aus einem Stück Bandstahl Laschen oder Federn nach Abb. 186 a geschnitten werden, so ergeben sich an der Übergangsstelle vom Kreisbogen zur geraden Linie Schwierigkeiten, wenn der Bandstahl nicht genau gleich breit ist oder die Führung nicht genau in der Mitte zum Halbkreis liegt. Ist die Lösung nach Abb. 186 b nicht anwendbar, so hilft man sich, wie in Abb. 188 dargestellt. Ist dieser Weg nicht möglich, so ist die Form des Abschneidens nicht empfehlenswert. — Ähnlich liegen die Verhältnisse bei der Herstellung der Hebel nach Abb. 189, die verlustfrei durch Ausklinken aus einem Streifen geschnitten werden sollen: das Abschneidemesser *M* schneidet an der Linie *1—2* nochmals vorbei, die die Ausklinkschneiden bereits hergestellt haben. Kleine Ungenauigkeiten in der Vorschublänge oder Verdrehungen des Streifens um das Führungsspiel ergeben an der Linie *1—2* einen Absatz oder ein Nachschneiden der Abschneidemesser. Hierbei klemmt sich der schmale Streifen leicht zwischen die Messer. Der Betrieb ist gestört. Deswegen gestaltet man den Hebel von vornherein so, daß bei *1—2* ein Absatz entsteht und das Messer *M* auf jeden Fall frei schneidet (Abb. 189 b). — Besonders oft wendet man dies Verfahren bei Folgeschnitten an, wenn bei diesen der eine Linienzug in den anderen übergeht. Wollte man eine Lochung nach Abb. 190 a in einem Schnitt herstellen, so bedingte das ganz besondere Schnitt-

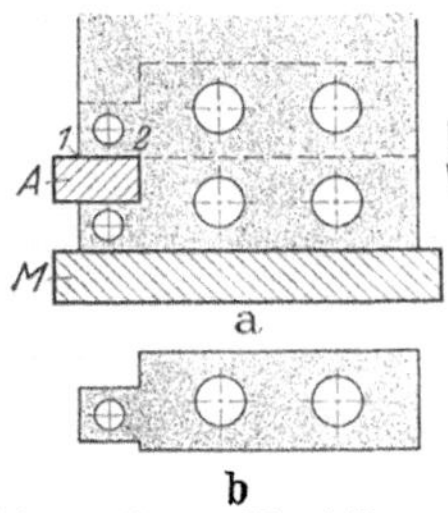

Abb. 189. Herstellung einer geraden Schnittlinie in 2 Stufen vermeiden.

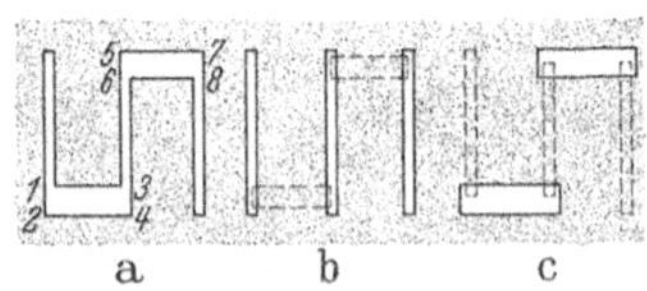

Abb. 190. Herstellung eines Winkels in 2 Stufen vermeiden.

plattenverstärkungen. Im Folgeschnitt ergäben sich an den Stellen *1—2*, *3—4*, *5—6*, *7—8* Übergangsschwierigkeiten, die man umgeht, wenn man die zweite Stufe nach Abb. 190b oder c frei schneiden läßt. Die zweite Stufe ist jeweils gestrichelt eingezeichnet. — Das Streben nach einfach herzustellenden Umrißformen darf jedoch nicht dazu führen, daß nachfolgende Arbeitsgänge erschwert werden, wie dies für nachfolgende Biegevorgänge in Abb. 191 . . . 193 gezeigt ist.

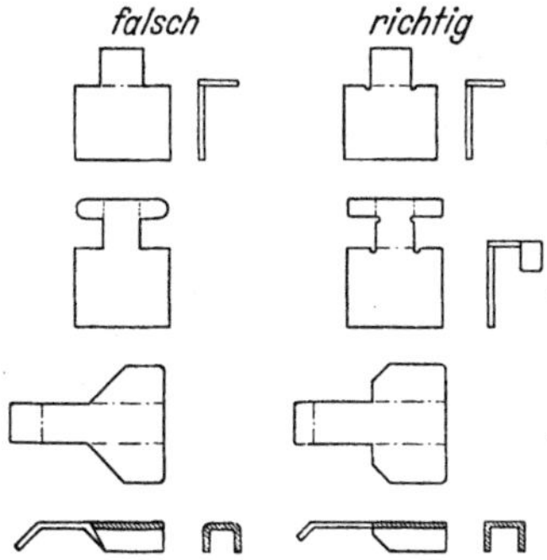

Abb. 191.
Abb. 192.
Abb. 193.

Abb. 191...193. Ausbildung der Stempelform mit Rücksicht auf nachfolgende Arbeitsgänge.

44. Arbeitsvorbereitung und Normung. Bedeutend sind auch die Ersparnisse, die beim Werkzeugbau durch planmäßige Arbeitsvorbereitung erzielt werden können, dadurch, daß man dem Schnittmacher nicht einfach die Herstellung überläßt, sondern ihm nur die Arbeiten überträgt, die die hohen Ansprüche stellen, die ein Werkzeugmacher zu erfüllen hat. Ihm werden also alle Teile maschinenfertig zum Zusammenbau gestellt (s. P. Gabler, Masch.-Bau 1936, Heft 21/22, S. 614ff.).

Bei solch planmäßiger Vorbereitung der Aufträge auf Stanzwerkzeuge werden die Vorbereitungsstellen am ehesten veranlaßt, die Normungsmöglichkeit der im Schnittbau ständig wiederkehrenden Stempel- oder Stoffführungen, Anschläge usw. zu prüfen. Der Ausschuß für wirtschaftliche Fertigung (AWF) und die Arbeitsgemeinschaft Deutscher Betriebsingenieure (ADB) haben den Stoff bearbeitet (AWF-Blätter 5000ff.) und eine Reihe Firmen haben auf dieser Grundlage weitergebaut. Auf die Normen selbst braucht hier nicht näher eingegangen zu werden, da die AWF-Blätter und der Zeiss-Ikon-Katalog der beste Unterrichtsstoff sind. — Die Bedeutung der Schnittkastennormung liegt in folgenden Tatsachen begründet: 1. Reihenweise sind Schnittkästen schneller und billiger, vor allem genauer und gleichmäßiger herzustellen als im Einzelbau; 2. wird an Herstellungszeit gewonnen. Selbst in ungünstigsten Fällen kann der Schnittkasten ab Fabrik in der gleichen Zeit geliefert werden, in der der Stempel und die Schnittplatte mittlerweile hergestellt werden; 3. ergibt sich eine Abkürzung der Kostenermittlung für ein Werkzeug. Nur die Kosten für Stempel, Schnittplatte und deren Zusammenbau müssen errechnet werden, der Preis des Schnittkastens ist der Liste zu entnehmen. 4. Durch Vereinheitlichung der Spannhöhen an den Grundplatten lassen sich auch Spanneisen und Befestigungsschrauben auf wenige Sätze beschränken (normen). Die Einrichtzeit wird dadurch herabgesetzt. 5. Auf dem Wege der Normung kann auch in Deutschland der Säulenführungsschnitt die Verbreitung finden, die ihm zukommt, zumal bei den Blockschnittkästen die Schneidenteile auswechselbar sind, die Blockschnittkästen also für mehrere Schnittformen nacheinander verwendet werden können. Das bedeutet hohe Ausnutzung der Blockschnittkästen und vereinfachte Lagerhaltung, namentlich für Schnittformen, die nur selten gebraucht werden.

Q. Kostensenkung durch mehrfache Anwendung des Werkzeugs.

45. Mehrfache Verwendung einzelner Teile des Werkzeugs. Durch solche Verwendung kann der Kostenanteil je Stanzteil gesenkt werden, weil sich die Werkzeugkosten auf eine größere Stückzahl verteilen. In Abschn. 44 ist schon auf die Auswechselbarkeit von Blockschnittkästen, also von Werkzeugführungen, hingewiesen. Das gleiche gilt für Vorschubapparate, die nicht am Werkzeug, sondern an der Presse angebracht sind. Aber auch auf die Schneiden kann man dieses Verfahren übertragen. Bekannt ist die Ausbildung von Scherenmessern derart, daß alle vier Längsbegrenzungskanten zum Schneiden benutzt werden können. In Abb. 163 kann man von rechts und links zuführend schneiden, wenn man den Anschlag umwechselt. Man braucht also beim Stumpfwerden einer Stempelseite nicht den Betrieb zu unterbrechen, sondern kann, von der anderen Seite zuführend, weiterarbeiten.

46. Verwendung desselben Werkzeugs für verschiedene Teile. Hat man z. B. verschieden lange Federn nach Abb. 194 herzustellen, so geschieht dies zweckmäßig durch Abschneiden, wobei nur der Anschlag entsprechend der Federlänge versetzt werden muß. — Die Teile *B*, *C*, *D*, *E* (Abb. 195) sind kleine flache Hebel, wie sie für Rechen-, Schreibmaschinen usw. gebraucht werden, die in ein und demselben Mehrfachschnitt gelocht werden sollen. Es kommt hierbei darauf an, daß an den verschiedenen Teilen jeweils zusammengehörende Löcher auch von demselben Stempel gelocht werden. Teil *C* und *E* können ohne Änderung der Einlagen gelocht werden. Für das Lochen von Teil *B* wird die Einlage *H* durch *J* (Abb. 196) ersetzt; Einlage *K* wird für das Lochen von Teil *D* gebraucht. — Für die Herstellung der Scheiben Abb. 197a u. c wurde das in Abb. 197b dargestellte Werkzeug entworfen. Wird der Blechstreifen in Richtung *F* zugeführt, so wird Teil 197a ausgeschnitten, in Richtung *E* zugeführt Teil 197c. Um das Werkzeug von einer Form auf die andere umzustellen, muß nur der Fangstift *B* ausgewechselt werden, was ohne das Werkzeug auszuspannen möglich ist. Ein Vorlochstempel läuft beim Arbeiten abwechselnd leer mit. Die letzte Steigerung dieses Verfahrens haben wir schließlich in der Nutenpresse Heft 44, Abb. 124 vor uns, in der der sonst übliche Komplettschnitt durch eine Schnitteinheit ersetzt wird.

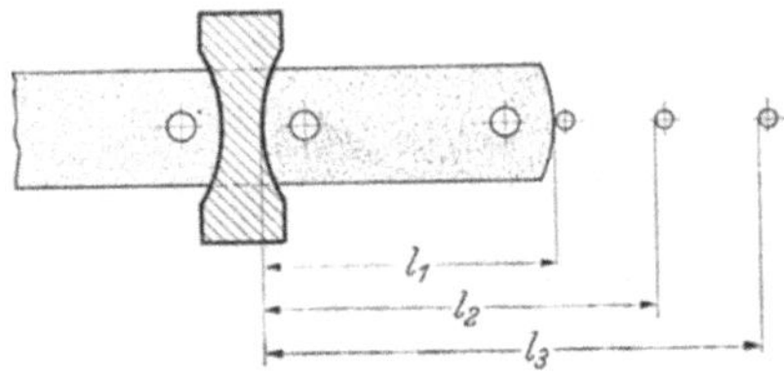

Abb. 194. Schnittwerkzeug für die Herstellung von Federn verschiedener Länge.

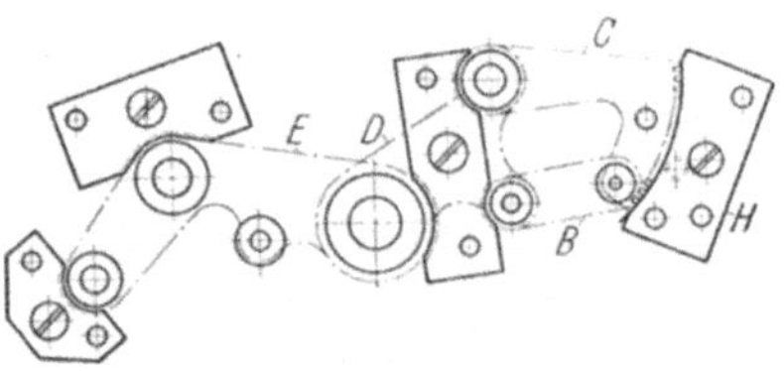

Abb. 195.

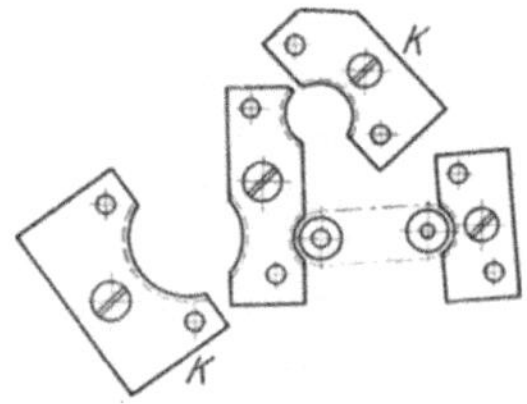

Abb. 196.

Abb. 195 u. 196. Mehrfach einstellbare Einlagen für dasselbe Lochwerkzeug.

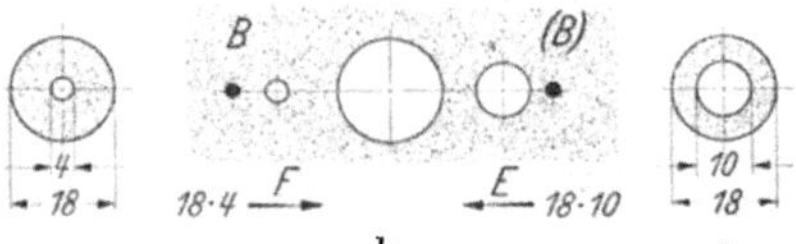

Abb. 197. Lochwerkzeug für zwei verschiedene Unterlegscheiben.

Daß solche Rücksichten den ganzen Fertigungsgang beeinflussen können, dafür gibt Kage (Masch.-Bau 1936, Heft 19/20, S. 548) ein Beispiel in der Herstellung von Bechern für Festkondensatoren. Für reine Massenherstellung kommen zwei Zuschnitte nach Abb. 198a u. b in Frage. Sind jedoch Becher verschiedener Länge zu liefern, so

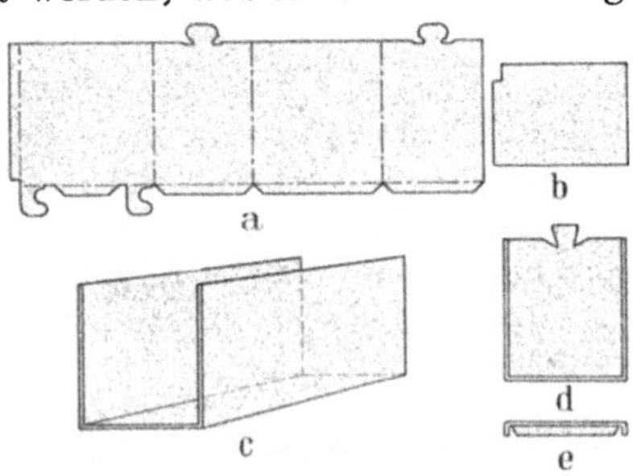

Abb. 198. Zuschnitte für Kondensatorenbecher: a, b, für Massenherstellung, c...e für Reihenherstellung.

formt man Boden und Mantelfläche in einfachster Weise aus einem Stück, einem unter der Schere hergestellten Zuschnitt, und setzt die Seitenteile *d* und *e*, die nunmehr für alle Bechergrößen gleich sind, ein. Sie werden durch ein Stanzwerkzeug fertiggestellt, das nunmehr durch die große Stückzahl wirtschaftlich zu rechtfertigen ist.

R. Leistungsbeeinflussung des Werkzeugs durch Zubehör.

47. Genauigkeitssteigerung. Die weitere Ausstattung eines Stanzwerkzeuges ist durch die geforderte Leistung nach Genauigkeit und Menge bedingt. Dementsprechend fallen die Kosten für ein Werkzeug aus. Für die Schnitt-Teil-Genauigkeit gibt E. Kaczmarek (TZ. 1937, Heft 1/2, S. 35) folgende Richtwerte:

Abb. 199.

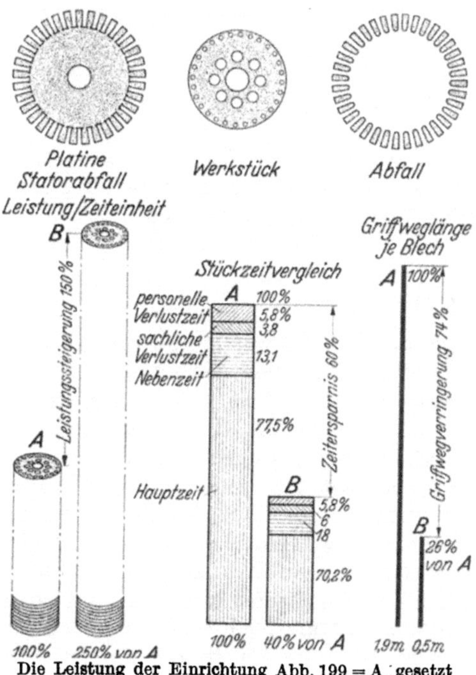

Die Leistung der Einrichtung Abb. 199 = A gesetzt
Die Leistung der Einrichtung Abb. 9 = B gesetzt
Abb. 200. Einfluß der Werkzeugausstattung auf die Leistung.

a) Freischnitte. Bei Verarbeitung wechselnder Blechdicken: Teilgenauigkeit ± 0,2 mm.

b) Führungsschnitte mit Einhängestift oder Hakenanschlag mit oder ohne Vorlocher. Bei zweistufigen Schneiden, d. h. mit einer Vorlocherstufe: Teilgenauigkeit 0,08 bis 0,12 mm Abweichung vom Sollmaß.

c) Folgeschnitte mit Seitenschneider. Bei zweistufigen Vorlochern: Abweichung vom Sollmaß 0,08 bis 0,15 mm. Bei vierstufigen Vorlochern: Abweichung vom Sollmaß 0,1 . . . 0,25 mm.

d) Nachschnitte für scharfkantige dicke Teile: Abweichung vom Sollmaß ± 0,05 mm.

e) Gesamtschnitte (Komplettschnitte): Abweichung vom Sollmaß ± 0,025 mm.

48. Steigerung der Ausbringungsmenge. Für die Beeinflussung der Werkzeugausführung durch die mengenmäßige Leistung sei ein Beispiel angeführt, das gleichzeitig zeigt, daß über den Werkzeugaufbau nicht die Zusammenhänge mit Mensch und Maschine übersehen werden dürfen, unter denen das Stanzwerkzeug arbeiten muß. Abb. 199 kennzeichnet die übliche Herstellung der ebenfalls dargestellten Rotorbleche. In Abb. 9 arbeitet ein ähnliches Werkzeug mit Zuführungsrutsche, Stapelvorrichtung mit Förderband bei schräggestellter Presse. Abb. 200 läßt den Erfolg dieser Maßnahme erkennen. Die Entscheidung war in diesem Falle ziemlich einfach, weil die getroffenen Ausrüstungen für verschiedene Rotorformen anwendbar sind und anzunehmen ist, daß eine Elektromotorenfabrik ständig Rotorbleche herzustellen hat.

Schwieriger liegt der Fall, wenn die Mengenleistung zahlenmäßig begrenzt ist und man nun entscheiden muß, aus welchen der vielen in Heft 57 geschilderten Einzelausführungen man das Werkzeug aufbauen will. In solchen Fällen muß der Lohnaufwand je Stanzteil den Herstellungskosten für das Werkzeug gegenübergestellt werden. Es ist dabei eine alte Erfahrungstatsache, daß je höher die Werkzeugkosten ausfallen, desto geringere Lohnkosten entstehen und umgekehrt. Je kleiner die herzustellende Stückzahl, desto schärfer muß auf billige Werkzeugausführung gesehen werden; je höher die Stückzahl, desto eher erweisen sich lohnsparende Werkzeuge als wirtschaftlich. In Abb. 201 u. 202 sind diese beiden Möglichkeiten gegenübergestellt. Nach Abb. 201 wird der Träger eines Wechselstromweckers in sieben Arbeitsgängen mit einfachen Werkzeugen ausgeführt, nach Abb. 202 durch zwei Verbundwerkzeuge. Die Lohnkosten verhalten sich bei Abb. 201 gegenüber Abb. 202 wie 5 : 1, die Werkzeugkosten wie 1 : 1,5 (Gabler). Dies Beispiel zeigt aber auch, daß gefühlsmäßig schwere Mißgriffe unterlaufen können.

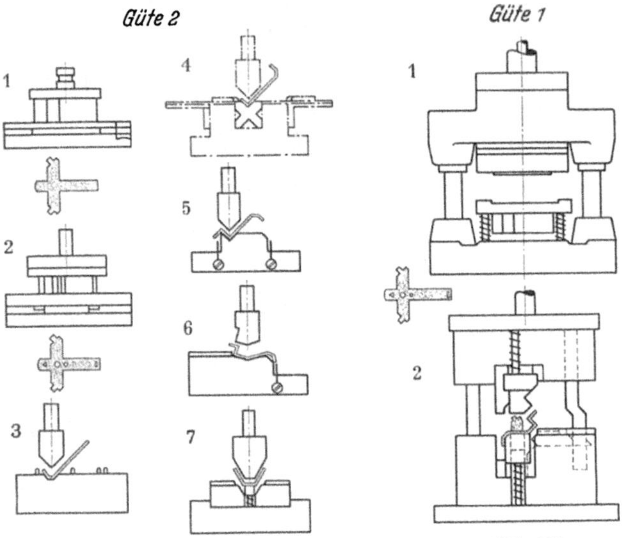

Abb. 201. Abb. 202.

Abb. 201 u. 202. Einfluß der Werkzeugausstattung auf Leistung und Herstellungskosten.

Schlußbetrachtung.

In der Einleitung des 1. Heftes Stanztechnik (Heft 44) war in Aussicht gestellt, eine planmäßige Einteilung des umfassenden Stoffes zu geben. So schildert Heft 44 die technologischen Grundlagen des Schneidens. Heft 57 ist ganz den einzelnen Aufbauteilen eines Schnittes gewidmet. Das vorliegende Heft entwickelt die Grundsätze, nach denen ein Schnittwerkzeug geplant werden muß, d. h. es zeigt an der Dynamik des Schneidens die Ansprüche an die Berechnung, die Herstellungsgenauigkeit und die Betriebsnotwendigkeiten eines Schnittes, es beschreibt die verschiedenen zur Blechausnutzung möglichen Verfahren und zählt schließlich die Gesichtspunkte für einen wirtschaftlichen Werkzeugeinsatz auf.

Bei der Vielseitigkeit und dem großen Umfang des Stoffes konnten die Fragen meist nur angedeutet werden. Die Hefte sollen kein Handbuch sondern ein Führer sein. Wer mehr wissen möchte, sei auf das reichhaltige Schrifttum hingewiesen, das in der Zeitschrift „Maschinenbau — Der Betrieb“ 1933, S. 505, und 1936, S. 567 aufgezählt und besprochen ist.

Tabelle 1. Stähle für

Stahl Nr.	C %	Si %	Mn %	W %	Cr %	V %	Mo %	Schmieden °
14	0,6...0,9	0,10...0,3	0,2...0,4	11...20	3,5...6,0	0...2,5	0...2,0	1150...900
21	0,5...0,57	0,4...0,8	0,3...0,5	1,8...3,5	1,0...1,5	0...0,5	—	1050...850
22	0,4...0,47	0,6...1,0	0,3...0,5	1,8...3,5	1,0...1,5	0...0,5	—	1050...850
57	0,3...0,4	0,15...0,4	0,4...0,8	0...1,2	1,3...1,7	Ni 4...4,7	V 0...0,5	1100...950
59	0,4...0,5	0,2...0,35	0,4...0,8	0,4...0,8	1,1...1,7	3...3,7	—	1100...950
61	0,4...0,5	0,2...0,35	0,4...0,8	0,8...1,2	1...1,2	2,5...3	Mo 0,2...0,4	1000...900
62	0,3...0,4	0,2...0,35	0,4...0,8	—	0,8...1,2	3...3,7	—	1100...950
29	1,8...2,2	0,2...0,4	0,2...0,4	0...1,3	11...13	V 0...0,5	0...0,5	950...850
30	0,9...1,1	0,3...1,1	0,9...1,1	0,9...1,1	0,9...1,1	—	—	950...850
53	0,9...1,05	0,15...0,3	0,2...0,4	—	2...3,5	—	—	950...800
26	0,9...1,25	0,15...0,25	0,2...0,4	0,9...1,2	0...0,3	0...0,2	—	950...800
27	0,7...0,8	0,15...0,25	0,2...0,4	0,8...1,1	—	—	—	1000...800
28	0,6...0,7	0,15...0,25	0,2...0,4	0,6...0,8	—	—	—	1000...800
83	1,05...1,2	0,15...0,3	0,2...0,4	—	—	—	—	950...850
84	0,9...1,05	0,15...0,3	0,2...0,4	—	—	—	—	1000...800
85	0,75...0,9	0,15...0,3	0,2...0,4	—	—	—	—	1000...800
88	0,60...0,85	0,2...0,4	0,6...0,8	[SM-Stahl	75...95	kg/mm²	Festigkeit	1050...850
89	0,45...0,65	0,2...0,4	0,6...0,8	„	65...80	„	„	1100...850

[1] Die Stahl-Nr. der ersten Spalte beziehen sich auf die Stähle in Heft 50: Herbers, Die Werkzeugstähle.

Erläuterungen zur Stähle-Tafel.

Kaltschermesser, -schnitte, -rollmesser werden zum Schneiden bzw. Abscheren, Lochwerkzeuge zum Lochen von kalten Werkstoffen verwendet. Die Werkzeuge werden beansprucht auf Abnutzung (Schneidhaltigkeit), Druck und große Werkzeuge außerdem auf Biegung. Obermesser bzw. Oberstempel wird stärker beansprucht als Untermesser bzw. -stempel. Die Auswahl der Stähle ist abhängig von der Werkzeugform und -größe, Art und Dicke des zu verarbeitenden Werkstoffes und der gewünschten Schneidhaltigkeit.

Für Werkzeuge bis zu größten Abmessungen und Verarbeitung von dickstem Schnittgut (über $\approx$ 3 mm Dicke) werden verwendet: für höchste Dauerleistungen Dauerstähle 21 und 22, für mittlere Leistungen W-Stähle 26...28, für normale Leistungen C-Stähle 83...85 oder, weniger, SM-Stähle 88 und 89. Für Schermesser, die besonders zähe sein müssen, werden Cr-Ni-Stähle 57...62, auf 150...180 kg/mm² Festigkeit vergütet, verwendet.

Bei Verarbeitung von hartem Schnittgut bis $\approx$ 1 mm Dicke wird für höchste Dauerleistungen Cr-Stahl 29 verwendet, bis $\approx$ 2 mm Cr-W-Mn-Stahl 30, für

Schnittwerkzeuge[1].

Glühen °	Härten °	Ablöschen	Anlassen °	Anlassen h		Verwendung
780...820	1250...1280	Zwischen Metallbacken oder Luft	560...600	$^1/_4$...1		Kleine Schnitte und Stempel. Kleine Rollscherenmesser.
720...750	840...880	Öl	240...280	—	Abnehmende Schneidehaltigkeit ↓	Schermesser bis zu größten Abmessungen für Knüppel, Platinen, Stabstahl, Bleche aller Dicken, Schnitte, Rollmesser aller Art und Beanspruchung. Lochwerkzeuge für höchste Dauerbeanspruchung zum Lochen von dicken Blechen, Schienen, Laschen, Träger, Rostplatten, Ketten u. dgl.
700...730	820...850 780...800	Öl Wasser	240...280	—		
560...610	820...840 830...860	Öl Preßluft	300...350 300	$^1/_4$...1		
620...640	800...830 820...850	Öl Preßluft	300 250...300	$^1/_4$...1		Schermesser größter Zähigkeit für Platinen, Knüppel, Bleche, Stabstahl bis zu großen Abmessungen
620...640	820...840 840...870	Öl Preßluft	300 250...300	$^1/_4$...1		
630...650	820...850	Öl	300	—		
780...800	920...1000	Preßluft	240...350	—	Zunehmende Zähigkeit ↓	Höchstleistungs-Schermesser, Schnitte und Lochwerkzeuge Rollmesser: für harte Bleche bis ≈ 1 mm, f. weiche Bleche bis ≈ 3 mm; für harte Bleche bis ≈ 2 mm, f. weiche Bleche bis ≈ 5 mm
710...730	780...820 820...860	Öl Preßluft	240...280 —	—		
730...760	820...850 780...810	Öl Wasser	260...300	—		Schermesser, Schnitte, Kreisrollschermesser ... 3 mm Blechdicke
700...720	780...820	Wasser	220...260	—		Schermesser, Schnitte, Lochwerkzeuge, Rollschermesser: für mittlere Leistungen
710...730	800...830	Wasser	220...260	—		
710...730	800...830	Wasser	220...260	—		
680...710	770...800	Wasser	220...260	—		für normale Leistungen
680...710	780...810	Wasser	220...260	—		
690...720	800...820	Wasser	220...260	—		
700...720	800...840	Öl	180...240	—		
700...720	800...840	Öl od. Wasser	180...240	—		

weiches Schnittgut bis ≈ 3 mm Stahl 29, über ≈ 3...5 mm Stahl 30 oder Dauerstähle 21 und 22, für mittlere Leistungen W-Stähle 26...28, für normale Leistungen C-Stähle 83...85 oder, weniger, SM-Stähle 88 und 89. Cr-Stahl 53 kommt für weiche Bleche bis ≈ 3 mm Dicke und mittlere Leistungen in Frage. Kreisrollschermesser, kleine Stempel und Schnitte aus Schnellstahl 14 sind für Blechdicken wie Stahl 29 bzw. 30. Zum Schneiden heißen Werkstoffs eignet sich Stahl 14 und besonders Stahl 57.

Als besonders maßbeständig bei der Warmbehandlung haben sich die Stähle 14, 29 und 30 erwiesen. Günstig hierauf wirkt sich das Härten in Preßluft und zwischen Metallbacken aus. Die Werkzeuge aus Stahl 14, 29 und 30 sind hart und stoßempfindlich, infolgedessen darf die Schneide nicht auf Biegung beansprucht werden. Werkzeuge, die hart und besonders zähe sein müssen, werden aus verstählten Werkstoffen angefertigt. Die Schneidhaltigkeit hauptsächlich großer Werkzeuge, die dickes Schnittgut verarbeiten, kann dadurch erhöht werden, daß die Arbeitsflächen oder Kanten der Werkzeuge aus SM- oder Cr-Ni-Stählen mit Stellit überzogen werden.

Tabelle 2.

Auswahl der Stahlsorte für das Werkzeug unter Berücksichtigung der Anzahl der nötigen Werkstücke (Schnitte) und der Art und Dicke ihres Bleches[1].

Werkstoff	Werkstoffdicke	Art der Arbeit	Stahlsorte (Nr. nach Tabelle 1) für Anzahl der Schnitte: kleiner als	etwa gleich	größer als
				10000...50000 Stück	
Blei	bis 3 mm	fein		30 62	29
Aluminiumblech	bis 1,5 mm	fein		59 o. 61	30
		fein		57	62
Zinkblech	bis 1 mm	fein			59 o. 61
Kupferblech	bis 1 mm	fein	85	84	84
Messingblech	bis 0,8 mm	fein	83		
(30...50 kg/mm²)		fein	88 o. 89		
		grob		62	29
Weiches Stahlblech	bis 0,8 mm	grob		61 o. 59	62 o. 61 o. 59
Härteres Stahlblech	bis 0,5 mm	grob	85	84	84
(60...90 kg/mm²)		grob	83	85	—
		grob	88 o. 89	—	14
				5000...30000 Stück	
Blei	über 3 mm	fein		30	29
		fein		62	30
		fein		61 o. 59	
Aluminiumblech	über 1,5 mm	fein		57	
Zinkblech	bis 2,5 mm	fein		84	
Kupferblech	bis 2,5 mm	fein	85		
		fein	83		
Messingblech	bis 2 mm	grob		62	29
(30...50 kg/mm²)		grob		61 o. 59	30
Weiches Stahlblech	bis 2 mm	grob	85	84	84
(Stanzblech)		grob			
Härteres Stahlblech	bis 1,5 mm	grob	83		
(60...90 kg/mm²)		grob			
Federhartes Stahlblech	bis 0,3 mm	grob			14
(90...180 kg/mm²)		grob			
				2000...10000 Stück	
Zinkblech	über 2,5 mm	fein	62	30	29
		fein	61 o. 59	21	30
Kupferblech	über 2,5 mm	fein	26	62	21
		fein		61 o. 59	
Messingblech	über 2 mm	fein	84		
		grob	61 o. 59 o. 7	21	29
Weiches Stahlblech	über 2 mm	grob	57 9	22	
		grob		62	21
Härteres Stahlblech	über 1,5 mm	grob		61 o. 59	
Federhartes Stahlblech	bis 0,8 mm	grob	84	84	84

[1] In Anlehnung an Dr.-Ing. G. Oehler: Taschenbuch für Schnitt- und Stanzwerkzeuge Berlin: Julius Springer.

Druck von C. G. Röder, Leipzig.

GPSR Compliance

The European Union's (EU) General Product Safety Regulation (GPSR) is a set of rules that requires consumer products to be safe and our obligations to ensure this.

If you have any concerns about our products, you can contact us on ProductSafety@springernature.com

In case Publisher is established outside the EU, the EU authorized representative is:

Springer Nature Customer Service Center GmbH
Europaplatz 3
69115 Heidelberg, Germany

Batch number: 10577896

Printed by Printforce, the Netherlands